ELECTRÓNICA

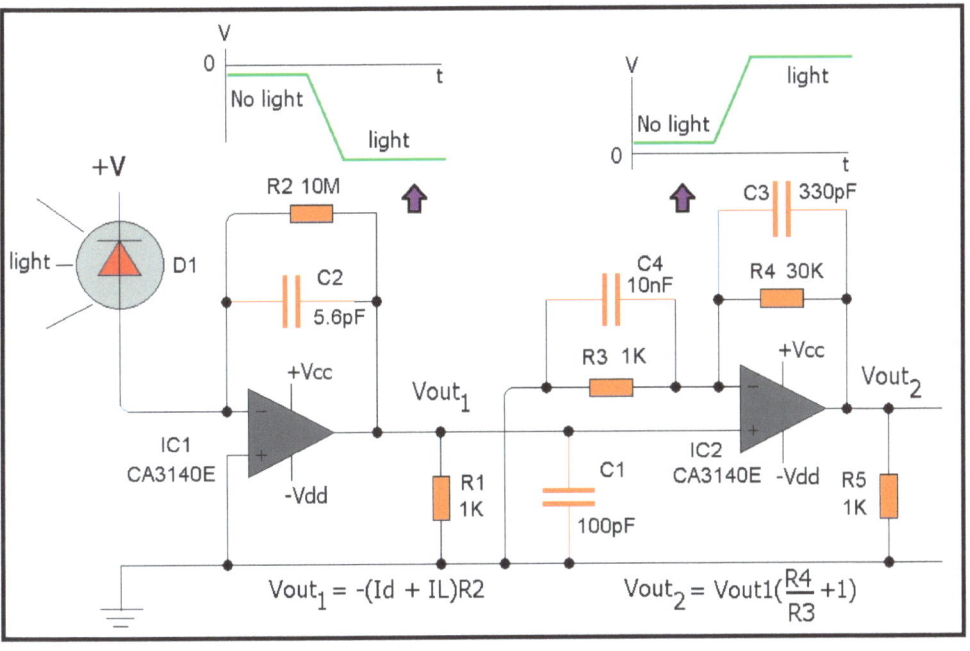

$$Vout_1 = -(Id + IL)R2$$

$$Vout_2 = Vout1\left(\frac{R4}{R3} + 1\right)$$

OP-AMPs notas técnicas

ELECTRÓNICA

OP-AMPs notas técnicas

Dr. Fernando Moutinho

2019

Con mucho amor para mi esposa Noemí y mi hijo Kevin...

Prefacio

La electrónica es un tema muy amplio y extenso, hay demasiados campos para cubrir en un solo libro. Pero afortunadamente, se puede clasificar en dos grupos principales: analógico y digital. A su vez, estos se subdividen. Sin embargo, en el fondo, todo está basado en la electrónica analógica. En la electrónica analógica existen igual muchos temas que cubrir. En una versión anterior, este autor escribió un libro titulado "Electrónica: Teoría y aplicaciones prácticas de los dispositivos más Comunes", versión en español. En el mencionado libro se incluye todo lo básico en electrónica, desde la Ley de Ohm hasta los circuitos digitales, el uso de los dispositivos más comunes y ejemplos que incluyen teoría y práctica. En esta ocasión, el autor tiene la intención de hacer otra contribución, esta vez con respecto a los amplificadores operacionales, conocidos como: OP-AMPs.

Sobre OP-AMPs hay muchos libros y manuales que cubren muchos temas y aplicaciones diferentes. Pero éste es un libro especial, escrito específicamente para comprender los parámetros más comunes que usan los fabricantes y que se detallan en la hoja de datos de cada modelo de OP-AMP. Con una explicación clara sobre qué es y el efecto de cada parámetro en el comportamiento del OP-AMP. Por lo tanto, el lector podrá tener una visión más completa y práctica, pudiendo ser capaz de usar y aplicar toda la información de la hoja de datos del fabricante.

La actividad de enseñanza también se acompaña con aplicaciones de los OP-AMPs en circuitos básicos: amplificador, filtro, suma, integrador, diferenciador, comparador, etc. En cada caso, se consideran los parámetros más importantes, así como las buenas técnicas para hacer un diseño profesional. Esto se hace a través de ejemplos de diseño en los que se implementan técnicas integrales y mediante la descripción de los detalles para realizar el diseño, que incluye el uso de demostraciones matemáticas simples.

Como esfuerzo adicional, el autor propone también tablas muy útiles con un resumen de las fórmulas principales en cada caso y seleccionando ya algunos de los OP-AMPs más comunes que se pueden usar en casi todas las aplicaciones, incluidas las recomendadas.

Al final de este libro, el autor espera que el lector pueda tener una comprensión más completa sobre los parámetros de los OP-AMPs y de cómo usarlos en su diseño, y, en consecuencia, contar con técnicas más poderosas para bien analizar o realizar diseños mejores y más profesionales.

Sobre el Autor

Fernando Moutinho es Doctor y Magister en Instrumentación Electrónica, graduado en la Universidad Central de Venezuela. Cuenta con más de 10 años de experiencia como profesor e investigador en física de superficies.

Con experiencia en física y electrónica en la Universidad y en la industria, realizó un interesante desarrollo en la instrumentación científica relacionada con: espectroscopia de Mössbuer, detectores de radiación, microscopía electrónica, espectroscopia Auger, láser, adquisición de datos, acondicionamiento de señales, fuentes de poder conmutadas, control de procesos, y más recientemente sobre IoT.

En lo que respecta al campo de IoT, es un autor referenciado en los cursos de IoT en la plataforma Udemy. Pero también, es muy activo con la publicación de libros sobre temas de electrónica, IoT, y también con artículos en revistas científicas reconocidas.

El autor también tiene un blog donde publica información interesante sobre temas de electrónica, libros e IoT.

Esta página se ha dejado intencionalmente en blanco

Tabla de Contenido

Introducción

El presente manuscrito está destinado a servir como un manual práctico o una guía técnica para todos aquellos que aman diseñar circuitos con OP AMPs. Está dirigido a ingenieros, estudiantes, profesores o aficionados, debido a que la información técnica contenida es muy útil y a que se aborda con un lenguaje fácil y expresiones matemáticas comprensibles, también se incluyen ejemplos. El contenido de este libro está separado en 4 secciones:

1. Definición del OP-AMP y cómo funciona.
2. Descripción de los principales parámetros del OPAMP y ejemplos.
3. Aplicaciones más comunes del OP-AMP y su análisis.
4. Tabla de ayuda para seleccionar un OP-AMP en aplicaciones comunes.

En la sección 1, el circuito amplificador diferencial básico se usa para explicar el concepto básico del OP-AMP y cómo funciona. La explicación continúa mencionando sus principales características. En esta sección, el lector comprenderá muy bien lo que hay dentro del OP-AMP y cómo funciona.

En la sección 2, los parámetros más importantes en la caracterización de un OP-AMP se describen para comprender su significado y su uso práctico tanto en el rol de diseñador como en el de análisis. Todos los parámetros seleccionados aquí están relacionados con sus correspondientes en la hoja de datos del fabricante.

La sección 3 trata sobre el uso práctico del OP-AMP en las aplicaciones más comunes como: amplificación, suma, diferenciación, integración, detección con fotodiodos y comparador. Esta sección es muy detallada en explicación, cálculo y consejos prácticos para garantizar un diseño y entendimiento profesional. Al final de cada caso de diseño, se encuentra una tabla que contiene un resumen de todas las fórmulas y sugerencias prácticas.

Finalmente, ya en la sección 4, se ha elaborado una tabla de ayuda de una página que contiene un resumen. La idea es poder echar un vistazo rápido a los parámetros más importantes para seleccionar un OPAMP y sus aplicaciones recomendadas. Esto pretende ayudar en el diseño al reducir el consumo de tiempo mirando literatura específica o manuales pesados. La tabla de ayuda contiene algunos de los OP-AMPs ya seleccionados y que pueden ser utilizados en las aplicaciones más comunes en electrónica.

Esta página se ha dejado intencionalmente en blanco

1. ¿Qué es un OP-AMP?

El acrónimo OP-AMP significa **Amp**lificador **Op**eracional, y es bien conocido como un tipo de amplificador cuya característica principal se basa en el uso del amplificador diferencial como la etapa de entrada principal, seguido de etapas acopladas sucesivas en diferentes configuraciones como: emisor común, base común, colector común o su configuración equivalente si se utilizan transistores JFET, CMOS o bipolares.

Básicamente, el OP-AMP puede realizar operaciones como suma, diferenciación, integración o derivación, desde aquí que su nombre sea el de operacional.

El acoplamiento entre el amplificador diferencial y el resto de etapas generalmente se realiza en corriente continua. Por lo tanto, el OP-AMP puede funcionar tanto en modo DC como AC.

En la etapa de entrada (primera etapa), el amplificador diferencial se puede construir utilizando diferentes tipos de transistores: BJT, JFET, CMOS o mediante una combinación de todos ellos. La salida del OP-AMP es siempre igual a la diferencia entre las dos entradas V_1 y V_2, por eso se denomina diferencial. Entonces, este diferencial puede ser amplificado por un parámetro de ganancia llamado aquí: $|A_V|$

Las características más relevantes de los OP-AMPs son:

1. La salida es una diferencia entre dos entradas.
2. Tiene dos modos de funcionamiento: diferencial y común
3. En el modo diferencial la ganancia debe ser ≥ 1
4. En modo común, el amplificador debe exhibir una alto rechazo o atenuación $\ll 1$.
5. La relación entre la ganancia diferencial y la ganancia de modo común debe ser la más alta posible (CMRR).

La relación mencionada se conoce como Razón de Rechazo de Modo Común (CMRR) y se expresa en unidades de dB, y se considera como la figura del mérito en la calificación del OP-AMP.

La figura 1 muestra un esquema simplificado del amplificador diferencial. Tenga en cuenta que en este momento se está explicando sobre el amplificador diferencial

En referencia a la figura 1 debemos considerar lo siguiente:

Supongamos ahora que tenemos dos señales de entrada arbitrarias: V_1, V_2

Por definición, la salida del amplificador diferencial será: $v_{out} = A_v(V_2 - V_1)$

Donde el término A_v representa aquí la ganancia general del amplificador en modo diferencial o en modo común. Otros términos por considerar aquí y que también están presentes en la figura 1 son:

Z_{in} como la impedancia de entrada del amplificador como se ve en la entrada.

Z_{out} como la impedancia de salida del amplificador como se ve por la carga.

Todos estos términos serán discutidos en detalle más adelante.

Mire las figuras 1 y 2 para ver ejemplos de configuración de modo de amplificador diferencial y único del amplificador diferencial.

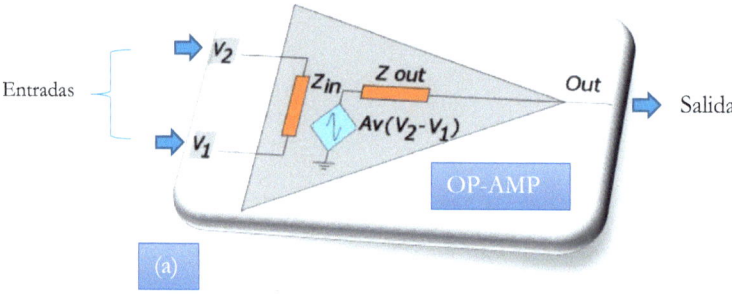

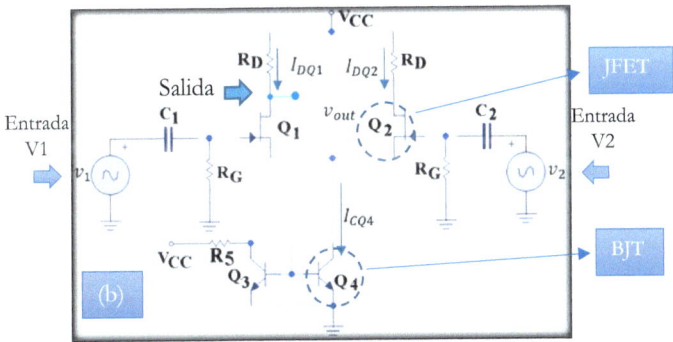

Figura 1. Amplificador diferencial: (a) representación de bloque, (b) esquema interno equivalente.

Para aclarar las cosas, el amplificador diferencial es una configuración que puede operarse en modo dual o simple, con 2 entradas o una entrada.

Como, por ejemplo, V_1 y V_2 pueden ser señales de DC o AC, pero la mayoría del tiempo nos referiremos a la señal de AC, por lo que en la figura usaremos letras mayúsculas, pero en nuestro análisis, usaremos minúsculas en referencia específicamente a la señal de AC.

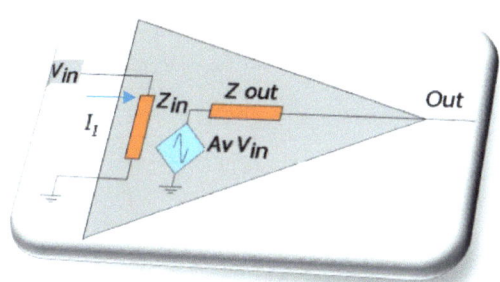

Figura 2. Esquema simplificado del amplificador simple.

La figura 1(a) muestra el modo diferencial, como modelo de representación de puertos, mientras que la figura 1(b) muestra como ejemplo, un esquema interno simplificado de un amplificador diferencial hecho con transistores de tipo JFET y BJT, los puertos para entradas y salidas también están indicados para comparación. Esto es solo para tener una idea acerca de la electrónica interna.

La figura 2 muestra el amplificador en modo simple.

Tenga en cuenta que, en el modo simple, el amplificador es como si hubiera conectado a tierra una de las entradas en el amplificador diferencial. Entonces, $V_1 = 0$, y V_2 la señal se convierte entonces en una sola V_{in}

Por lo tanto, la salida del amplificador simple puede reescribirse como: $$V_{out} = A_v(V_{in})$$

Ahora supongamos que organizamos un tipo de configuración en cascada donde el amplificador diferencial se coloca al principio, seguido de otro amplificador único. La figura 3 muestra tal configuración.

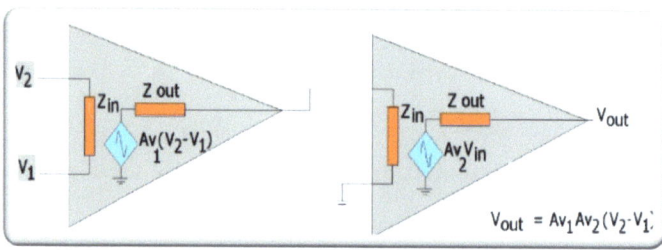

Figura 3. Configuración de amplificador en cascada: diferencial y una sola etapa acoplados.

La salida en este amplificador en cascada es: $V_{out} = A_{V1}A_{V2}(V_2 - V_1)$

Tenga en cuenta que la ganancia general es ahora: $A_{V1}A_{V2}$, lo que significa que toda la ganancia del amplificador es mayor, pero mantiene la operación en modo diferencial. Esencialmente, lo que hemos hecho es un tipo de Amplificador Operacional (OP-AMP) con solo dos etapas.

Y así, es como funciona, en forma real. En la práctica, el OP-AMP puede tener muchas etapas que comienzan con uno o dos amplificadores diferenciales, y el resto son etapas multiplicadoras de la ganancia, y como etapa final, la última, suele generalmente ser una con ganancia unitaria para poder controlar el paso de alta a baja impedancia. Sobre esta etapa final se tratará más adelante.

La ganancia total en los OP-AMPs puede alcanzar por lo general el orden entre 10^3 y 10^5. Entonces, uno puede imaginar que hay muchas etapas que se multiplican en medio. Pero la eficiencia está en lograr este objetivo con la menor cantidad de etapas posible, mientras se mantienen los mejores parámetros y el CMRR más alto posible. Para este propósito, se hacen algunas configuraciones especiales. El propósito de esta ganancia tan alta es conveniente y se explicará más adelante.

Hay muchos otros parámetros que hacen que los OP-AMPs sean excelentes e ideales para usar en electrónica. En la siguiente sección se discutirán los parámetros principales de los OP-AMPs.

Normalmente, el fabricante suele proporcionar toda la información sobre los parámetros y las características del OP-AMP en un documento en formato pdf llamado: Hoja de datos o *datasheet*, un documento estándar en el que se clasifica toda la información para usar el OP-AMP en la mayoría de las aplicaciones. Esta hoja de datos está comúnmente disponible a través de Internet. Es una buena práctica encontrar y verificar la hoja de datos antes o durante la etapa de diseño. Existe una gran variedad de OP-AMPs adecuados para diferentes aplicaciones.

2. Parámetros del OP-AMP

2.1 Ganancia de bucle abierto (A_{OL}, A_{VOL})

La Ganancia de bucle abierto se puede definir como la ganancia máxima que puede alcanzar el amplificador sin ninguna retroalimentación o de bucle cerrado. Se denota como A_{OL} o A_{VOL}. Este parámetro también se conoce como Ganancia de voltaje de señal grande. Numéricamente, se puede expresar en unidades decimales, como por ejemplo 10^4, o en unidades de kV/V, como por ejemplo 100 kV/V, o en unidades de decibelios (dB), como por ejemplo $20\log(1\times10^4) = 100$dB.

El parámetro A_{OL} es dependiente de la frecuencia. Cuando la frecuencia aumenta hasta cierto punto (frecuencia de corte = f_c), A_{OL} disminuye en función de la frecuencia hasta donde la ganancia es 0 dB ($A_{OL}=1$). La Figura 4 muestra un ejemplo de la dependencia de la A_{OL} como función de la frecuencia.

Para poder comparar con la hoja de datos del fabricante, algunos de los términos se mantienen en idioma inglés, tal y como se pueden encontrar en dicha hoja.

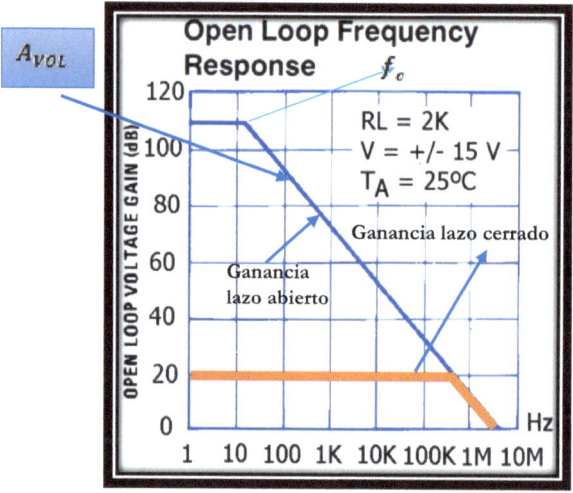

Figura 4. Dependencia de A_{OL} con la frecuencia.

En la figura 4, se muestra claramente el comportamiento del A_{VOL} en función de la frecuencia. Pero también se muestra la ganancia de bucle cerrado, lo que indica lo conveniente de tener una alta ganancia de bucle abierto para permitir que la ganancia de bucle cerrado tenga más espacio o ancho en el dominio de la frecuencia.

Tenga en cuenta que hay una frecuencia de caída o de *roll off* en la que se produce una inflexión en la curva. Este punto es llamado la frecuencia de corte de bucle abierto (f_c). Más adelante, se demostrará que el producto de la ganancia por frecuencia es un parámetro constante (Producto Ganancia por Ancho de Banda).

En la gráfica de la figura 4, el $A_{OL} \sim 110$ dB o ~ 315.000 para $f = 1$ Hz. Como ejemplo, para una aplicación de frecuencia de aproximadamente 1MHz, este OP-AMP sin retroalimentación, reducirá el parámetro A_{OL} a aproximadamente ~ 10 dB o menos. La ganancia correspondiente será de unos 3 o menos. Por lo tanto, la ganancia efectiva será mucho menor que A_{OL}. Por eso es muy importante conocer la frecuencia de operación de la aplicación. Pero, también el A_{OL} y el ancho de banda respectivos del OP-AMP.

En el mismo caso anterior, intentar utilizar una ganancia de bucle cerrado sería aún peor, ya que la retroalimentación negativa tendería a reducir aún más la ganancia efectiva.

En términos del amplificador ideal, cuanto más alto es el A_{OL}, mejor es el amplificador. Pero las cosas reales están lejos de ser ideales, por lo que se debe hacer un compromiso para satisfacer todos los requisitos.

En raras ocasiones el OP-AMP se utilizará directamente en un modo de bucle abierto, especialmente en el caso de amplificar una señal. Esto se debe a que la ganancia excesiva hará que la salida sea distorsionada e incontrolable. Es por eso por lo que generalmente, se utiliza una retroalimentación negativa para reducir y controlar la ganancia al nivel deseado. Como se ya se demostró, una ganancia baja tiene más ancho de banda.

El bucle cerrado negativo se refiere en cualquier caso donde la salida se alimenta al puerto negativo V-, del OP-AMP, generalmente por una red de atenuación resistiva. Es una técnica conocida y común utilizada para amplificar señales utilizando OP-AMPs. Hay varias ventajas en la retroalimentación negativa, siendo una de ellas la extensión de la operación en frecuencia mientras se reduce la ganancia por retroalimentación (ganancia efectiva). Este efecto se entenderá aún mejor cuando discuta el parámetro GBP más adelante.

2.2   Impedancia de salida (Z_o, R_O)

La impedancia de salida (Z_o) normalmente se expresa en términos del componente resistivo (R_o). Por lo tanto, suponiendo que no hay componente reactivo alguno. Idealmente, este parámetro debe ser cero ($0\ \Omega$) ohms. Su valor máximo (R_o) se mide o calcula en el modo de bucle abierto y en DC, $f = 0\ Hz$

.

En la práctica, es del orden de 30-200 ohms (R_o). Es importante destacar que esta impedancia se puede referir tanto en modo de bucle abierto como cerrado. Se sabe que, en una retroalimentación negativa, la impedancia de salida efectiva puede reducirse varias órdenes hacia abajo.

De hecho, mientras la ganancia de bucle cerrado es menor ($A_V \rightarrow 1$), la impedancia de salida efectiva será menor y cuando la ganancia de bucle cerrado aumenta ($A_V \rightarrow \infty$), la impedancia de salida efectiva también aumenta, a un valor máximo de R_0, pero en general tiende a ser menor que R_o. R_o es solo dependiente de la temperatura

En el caso de que se incluya el componente reactivo, la impedancia de salida dependerá entonces tanto de la frecuencia como de la temperatura. La impedancia de salida ahora se llama: Z_o.

Un ejemplo del comportamiento típico de la Z_o como una función de la ganancia y frecuencia de bucle cerrado se muestra en la figura 5. En la gráfica de la figura 5 se observa que Z_o varía tanto con la ganancia efectiva (lazo cerrado negativo) como con la frecuencia.

En la práctica, la mayoría de las veces este parámetro no es crítico, siempre que la resistencia de carga (R_L) se mantenga siempre mucho más alta que la R_0 efectiva, entonces el voltaje de salida no se reduce. La carga máxima (R_L= min) se calcula a partir de la corriente de salida máxima que el OP-AMP puede manejar, y en general, los resultados de R_L siempre son mucho más altos que R_0.

La impedancia de salida es muy importante porque permite determinar el nivel de reducción de salida causado por el R_0 interno. Además, debido a que cualquier voltaje atenuado o disminuido por R_0 causará la disipación de energía, por lo tanto, calentará todo el dispositivo y posiblemente modificará de alguna manera la mayoría de los parámetros en el OP-AMP, especialmente la corriente de polarización de entrada, voltaje de compensación, ganancia y ruido.

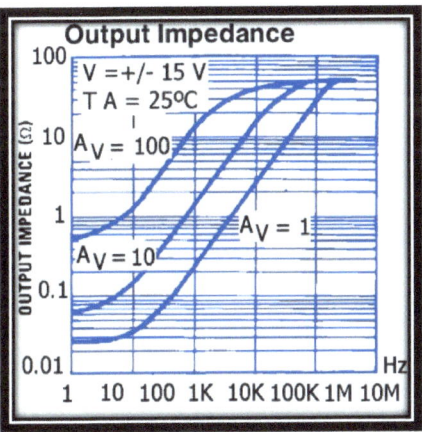

Figura 5. Impedancia de salida (Output impedance) R_0 como función de la frecuencia.

2.3   Impedancia de Entrada (R_I, Z_{in})

Este parámetro es uno de los más cercanos al valor ideal. La impedancia de entrada del OP-AMP podría estar en el rango de 10^3 a 10^{12} ohms, dependiendo de qué tipo de transistor se utilice en la entrada; si BJT, JFET o CMOS, y su aplicación prevista.

En la mayoría de los OP-AMPs tipo MOS o BiMOS, la impedancia de entrada puede tener valores muy altos ($1T\Omega = 10^{12}\Omega$), que pueden considerarse en términos prácticos como infinitos. El tipo bipolar (BJT) tiene la impedancia más baja, en general, cientos de miles de ohmios ($k\Omega$).

Siempre se desea una impedancia muy alta porque un amplificador ideal debe tener una corriente de entrada cero. En la figura 2, la corriente de entrada en el amplificador se define como:

$$I_I = \frac{V_{in}}{z_{in}} \tag{1}$$

2.4 Repuesta en Frecuencia (Ganancia por Ancho de Banda)

La respuesta de frecuencia se expresa en términos del Producto de la Ganancia por el Ancho de Banda (GBP). Como se mencionó anteriormente (2.1), este es un parámetro de valor constante.

La figura 6 muestra el parámetro GBP en función de la frecuencia. Para construir esta curva (ganancia en unidades decimales), los datos se tabularon a partir de la interpolación de la figura 4. Luego, se obtuvo el producto de la ganancia por frecuencia. Como resultado el GBP obtenido = 3.16 MHz.

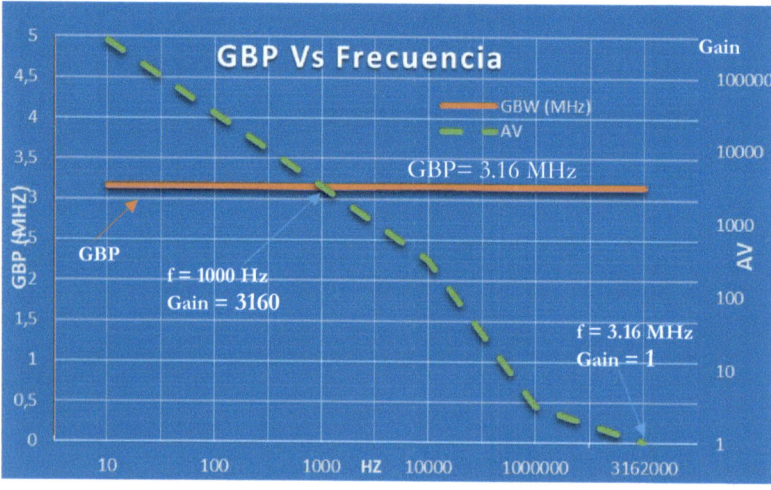

Figura 6. Parámetro GBP.

Una línea recta continua indica que el GBP es una constante en todo el rango de frecuencias del OP-AMP. Por lo tanto, una vez que se conoce el GBP, es fácil calcular la frecuencia o ganancia máxima en la que el OP-AMP puede trabajar sin deterioro en la ganancia o la frecuencia.

Por ejemplo: en la figura 6 para trabajar con 1kHz, la ganancia máxima a imponer es de aproximadamente 3000. Eso significa que, si la frecuencia aumenta, la ganancia máxima real bajará para mantener el GBP constante. Alternativamente, si la frecuencia es menor, la ganancia máxima obtenible irá más alta. En otras palabras, si se requiere un ancho de banda grande, se necesita una ganancia baja. Es por eso por lo que la operación de frecuencia máxima se alcanza con una ganancia de 1

De la manera opuesta, si se desea una alta ganancia, se necesita un ancho de banda más estrecho.

2.5   Velocidad de Subida (SR)

La tasa de variación es la relación que mide qué tan rápido puede subir o bajar la salida, causada por un cambio de paso en la entrada. Se da en unidades de voltios por tiempo. Cuanto más alta es la velocidad de cambio, más rápidos son los cambios de salida en el OP-AMP. El parámetro SR de la hoja de datos normalmente representa su valor máximo de acuerdo con ciertas condiciones de prueba.

Típicamente, el SR se expresa en unidades de voltio por microsegundo (V/µs).

En el caso de que la velocidad de la señal de salida sea más lenta que la velocidad de entrada, la señal de salida se distorsiona exponencialmente. Por lo tanto, para evitar o minimizar este problema, una relación entre la frecuencia, la altura de la salida y la SR debe tenerse en cuenta.

La figura 7 muestra el efecto de la SR en la distorsión de salida.

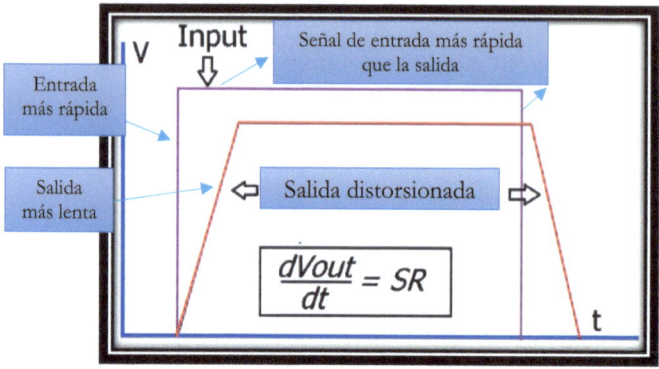

Figura 7. Parámetro SR.

Como se muestra en la figura 7, el SR se puede definir como:

$$SR = \frac{dV_{out}}{dt} \qquad (2)$$

El SR es una limitación del diseño OP-AMP. Pero, en la mayoría de los casos, esta limitación proviene de un componente externo, como el condensador de salida, que se limita a sí mismo la velocidad que cambia la salida. En este caso, la corriente de salida tiene un efecto directo sobre la SR. Veamos:

$$V_{out} = \frac{1}{C} \int I_{out}\, dt \qquad (3)$$

Donde:

I_{out} es la corriente de salida OP-AMP
V_{out} = tensión de salida
C = condensador de salida

Entonces:

$$\frac{dV_{out}}{dt} = SR = \frac{I_{out}}{C} \qquad (4)$$

De acuerdo con la ecuación (4), básicamente, la SR puede aumentarse empujando más corriente en el condensador de salida.

La ecuación anterior es particularmente útil cuando la salida está acoplada a un condensador parásito o un filtro de suavizado (paso bajo) al puerto de señal de salida. En este caso, es recomendable colocar un resistor paralelo en la salida para aumentar la corriente de salida, de manera que este condensador se cargue más rápido cuando la corriente sea más alta, manteniendo el SR lo más alto posible. Por supuesto, el capacitor también debe ser lo más bajo posible, como se indica en la ecuación (4).

La Figura 8 es un circuito de muestra que utiliza un pequeño condensador (100 pF) para suavizar la salida en paralelo con una resistencia de 1 kΩ. La resistencia garantiza suficiente corriente en la salida para cargar el condensador lo suficientemente rápido. Entonces, el SR se mantiene optimizado por el componente externo.

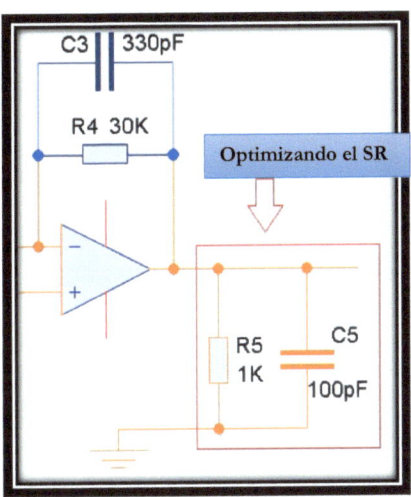

Figura 8. Optimización del parámetro SR.

El límite para la resistencia es la corriente máxima disponible para el OP-AMP. Como ejemplo práctico si: V_{out}= 15 V, entonces I_{out} = 15 mA, y C = 100 pF

$$\frac{dV_{out}}{dt} = SR = \frac{I_{out}}{C} = 150 \; V/\mu s$$

Si el fabricante indica que su SR es 9V/μs, significa que su circuito no está limitando este parámetro, pero está limitado por el OP-AMP, por lo que SR en el circuito será 9V/μs, ya que será el valor máximo del OP-AMP.

Se debe tener cuidado de no colocar una resistencia de carga por debajo del mínimo permitido por la hoja de datos. La salida se recortará (distorsionará) y puede causar daños permanentes en el OP-AMP.

La siguiente figura muestra un caso en el que el parámetro SR es bajado por el circuito externo.

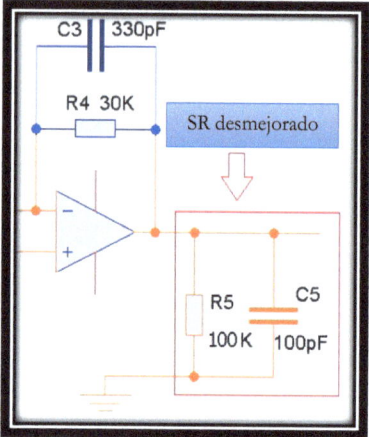

Figura 9. Parámetro SR.

$$\frac{dV_{out}}{dt} = SR = \frac{I_{out}}{C} = 1.5 \ V/\mu s$$

En el caso de la figura 9, el parámetro SR será 1.5 V/μs en lugar de 9v /μs. La SR efectiva disminuye. Por lo tanto, la distorsión se agregará a la salida si la velocidad de la señal de entrada es superior a 1.5 V/μs. La distorsión se puede ver como cualquier cambio en la forma de salida

Cuando utilice esta configuración, asegúrese de que la frecuencia de corte del filtro de paso bajo formado por R_5 y C_5 sea superior a la frecuencia límite de operación. De lo contrario funcionará como filtro de paso bajo. Así, afecta a la salida en forma y amplitud.

Otra expresión que se puede utilizar se muestra en la ecuación (5). Esta ecuación se basa en una señal de entrada sinusoidal y determina el SR requerido para manejar la señal en la salida con una distorsión mínima.

$$SR = 2 . \pi . f . V_{out} \qquad \text{(sinusoidal)} \qquad (5)$$

Donde:

f= frecuencia de operación

Como ejemplo, asumiendo los mismos valores del caso anterior, f= 10 kHz, V_{out} =15 V, y aplicando la ecuación (5):

$$SR = 2 . \pi . f . V_{out} = 0.94 \ V/\mu s$$

El resultado anterior muestra que, para una señal de entrada sinusoidal de 10 kHz, la salida SR requerida es de 0,94 V/µs. Si el OP-AMP da una tasa de 9V/µs, entonces la señal de salida puede seguir muy bien los pasos de entrada, significa tan rápido como la entrada. Por lo tanto, no se introduce distorsión por SR.

Como otro ejemplo, asumiendo ahora la operación de frecuencia de 3 MHz

$$SR = 2 . \pi . f . V_{out} = 282.7 \ V/\mu s$$

En este caso, la velocidad requerida es más alta que el valor nominal de 9V/µs, por lo tanto, la distorsión estará presente en la salida, deformando la señal exponencialmente.

A veces, si no es posible aumentar la SR, la distorsión puede reducirse un poco considerando limitar o disminuir el nivel de salida. Por lo tanto, permitiendo que la salida alcance un cierto nivel más bajo que el máximo, con un retardo de bordes razonable en la salida. Esta técnica es un compromiso razonable, si no se puede distorsionar totalmente la salida.

2.6   Distorsión Armónica Total (THD)

Los armónicos son la presencia de múltiplos pares e impares de la frecuencia fundamental ($2f_0$, $3f_0$. $4f_0$, $5f_0$...) en la salida del amplificador debido a la respuesta no lineal a una frecuencia de entrada. La frecuencia de entrada aquí se llama la fundamental (f_0).

La distorsión armónica total (THD) es la relación entre el cuadrado medio de la raíz (RMS) de la suma de todos los voltajes de contribución de los armónicos dividida por el voltaje RMS de la frecuencia fundamental
Matemáticamente se define de acuerdo con la ecuación (6):

$$THD = \frac{\sqrt{V_1^2 + V_2^2 + V_3^2 \cdots}}{V_0} \qquad (6)$$

Donde V_0 es el valor RMS de la amplitud de la frecuencia fundamental f_0, y V_1, V_2, V_3 son las correspondientes amplitudes RMS de la segunda, tercera y cuarta ... y así sucesivamente, se consideran armónicos de: $2f_0$, $3f_0$, $4f_0$....

THD generalmente se expresa en unidades porcentuales.
Los valores típicos de THD en los OP-AMPs son alrededor de 0.05% o menos.

La figura 10 es un ejemplo de espectro de FFT (Transformada Rápida de Fourier) correspondiente a la señal de salida en un amplificador hipotético, que muestra solo los primeros 5 armónicos de la fundamental.

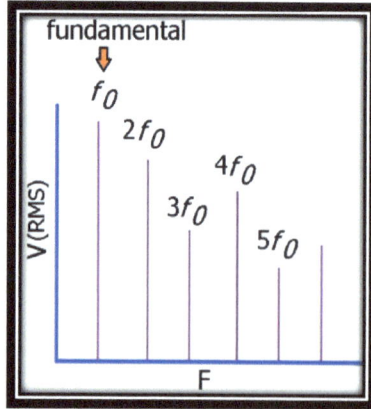

Figura 10. Ejemplo de espectro FFT.

En el espectro de la figura 10, las amplitudes se miden en voltajes RMS.

Se puede usar una señal sinusoidal como frecuencia fundamental para probar el amplificador THD, ya que el sinusoidal no tiene armónicos.

La ecuación de THD también se puede expresar en términos de vatios:

$$THD = \sqrt{\frac{P_1 + P_2 + P_3}{P_0}} \qquad (7)$$

Donde:

P_0 es la potencia en vatios de la frecuencia fundamental, y $P_1\ldots P_n$ la potencia en vatios del resto de los armónicos.

Generalmente, el espectro de potencia se expresa en dBm o dBmW, ambas terminologías son intercambiables. El dBm es una unidad de potencia relativa a un milivatio (mW). Por lo tanto, 0 dBm = 1 mW.

$$dBm = 10\log(mW)$$

Para convertir dBm en mW usa la ecuación (8)

$$dBm\ to\ mW = e^{0.230258 * dBm} \qquad (mW) \qquad (8)$$

Como ejemplo 70 dBm = 10.000.000 mW o 10.000 Watts = 10 kW.

Para convertir dBm in Vatios usa la ecuación (8.1)

$$dBm\ to\ W = \frac{e^{0.230258 * dBm}}{10^3} \qquad (W) \qquad (8.1)$$

Para convertir dBm in kW usa la ecuación (8.2)

$$dBm\ to\ kW = \frac{e^{0.230258 * dBm}}{10^6} \qquad (kW) \qquad (8.2)$$

Por ejemplo, el espectro de la señal de salida tomada del osciloscopio da los resultados que se muestran en la tabla 1:

THD se puede calcular a partir de los valores de la tabla 1.

Frecuencia (kHz)	Armónicos	dBm	P (mW)
1 (fundamental)	0	21.7	147.9
2	1	3.5	2.38
3	2	-6	0.25
4	3	-20	0.01
5	4	-23	0.005
6	5	-40	0.0001

Tabla 1. Ejemplo de cálculo THD.

Entonces:

$$THD = \sqrt{\frac{2.38 + 0.25 + 0.01 + 0.005 + 0.0001}{147.9}} = 0.1337$$

$$THD\% = 13.37\ \%$$

Si el osciloscopio proporciona una unidad de voltaje pico, se puede obtener un valor RMS dividiendo el valor pico por raíz cuadrada de dos $(\sqrt{2})$.

$$RMS = \frac{V_{paek}}{\sqrt{2}} \tag{9}$$

Entonces, THD puede obtenerse utilizando la ecuación (6).

2.7 Ruido equivalente de Entrada (e$_{in}$), ($nV/\sqrt{Hz}$)

El ruido equivalente de entrada (e_{in}) es el ruido de salida total dividido por la ganancia de bucle abierto (A_{VOL}).

El ruido total de salida del amplificador es, en cualquier caso, es la suma de todas las contribuciones del ruido.

La ecuación (10) da la expresión para su cálculo:

$$e_{TRMS} = \sqrt{e_{n1RMS}^2 + e_{n2RMS}^2 + e_{n3RMS}^2 \cdots}$$

$$e_{in} = \frac{e_{TRMS}}{A_{VOL}} \tag{10}$$

El ruido puede provenir de diferentes fuentes, como, por ejemplo:

- Ruido Térmico (Ruido de Johnson)
- Ruido de Disparo (Ruido Schottky)
- $1/f$ (Parpadeo o ruido rosa) ruido.

Ruido Térmico: Está relacionado con el movimiento térmico de los electrones en el conductor. Es dependiente de la temperatura y la frecuencia. Se asocia a resistencias. Expresado matemáticamente por la ecuación (11).

$$e_{thRMS} = \sqrt{4KTR\ \Delta f} \qquad (11)$$

Donde:

K = Constante Boltzmann = 1.38×10^{-23} Jk^{-1}
T = La Temperatura de Kelvin. Ejemplo: 25°C = 298.15 K. T (K) = °C+ 273.15
Δf = Ancho de banda en Hz.

Por ejemplo: a 25 °C, un resistor de100 MΩ y de ancho de banda de 1 kHz generará una tensión de ruido de:

$$e_{th} = \sqrt{4KTR\ \Delta f} = \sqrt{1.645 10^{-9}} = 4.06 10^{-5}\ V \sim 40\ \mu V\ RMS$$

De acuerdo con esto, es conveniente no utilizar resistencias de valores altos excesivos cuando no es absolutamente necesario, ya que introducirá más ruido del necesario en el sistema.

Ruido por disparo: Está relacionado con las imperfecciones en el dispositivo semiconductor y está asociado con el flujo de corriente que lo atraviesa. Las cargas no llegan todas al mismo tiempo de un electrodo a otro, lo que genera una fluctuación estadística en la corriente. Como se mencionó, esta fluctuación tiene un comportamiento estadístico y se puede calcular utilizando la ecuación (12). El ruido de disparo es independiente de la temperatura. La ecuación (12) muestra eso.

$$e_{shRMS} = \sqrt{2QI\Delta f} \qquad (12)$$

Donde:

Q = constante de carga de electrones= 1.602x10-19 Coulomb.s
I = corriente DC media en el semiconductor.

Por ejemplo, para un ancho de banda de 1 KHz, un fotodiodo con una corriente oscura = 30nA, generará un ruido de disparo de:

$$e_{sh} = \sqrt{2QI\Delta f} = \sqrt{9.612^{-24}} \sim 3^{-12} pA$$

El resultado anterior parece ser muy pequeño, pero para medir la corriente sobre femtoamp, por ejemplo, este ruido será muy alto y no será posible hacerlo. En tal caso, sería recomendable bajar la corriente de operación tanto como sea posible, digamos a menos de 0.1 pA, e incluso bajar la frecuencia.

Al contrario, si el caso fuese medir la corriente alrededor del rango de mA, este ruido es completamente despreciable.

Ruido 1/f: Su origen no está muy claro todavía, pero está presente en componentes pasivos y activos. Disminuye a medida que aumenta la frecuencia, por lo que se llama $1/f$. Está asociado a la corriente continua DC. Dado que no está muy bien definido, es mejor decir que al reducir el consumo de corriente continua del circuito se reducirá el ruido 1/f-

El espectro de ruido de $1/f$ tiene su mayor contribución hasta 1 kHz.

El ruido total en OP-AMP se expresa en términos de $nV/\sqrt{Hz}$. El espectro de ruido tiene una caída logarítmica. Eso significa que el ruido disminuye cuando la frecuencia aumenta. La Figura 11 muestra un ejemplo del ruido de entrada equivalente en función de la frecuencia.

Tenga en cuenta que en la figura 11, el ruido máximo es aproximadamente ~40 nV/$\sqrt{Hz}$ a 10 Hz. La mayoría de los OP-AMPs reflejan en la hoja de datos valores en torno a estas condiciones.

Comúnmente se utilizan dos expresiones: voltaje de ruido equivalente de entrada de banda ancha, referido como el ruido total máximo en un amplio rango de frecuencias, y ruido de entrada equivalente referido para una frecuencia específica, típicamente, 1 kHz o 10 kHz como frecuencias de referencia.

De acuerdo con esto en la figura 11 será:

- Voltaje equivalente de ruido de entrada de banda ancha ~ 40 nV máximo, BW = 10 Hz –100 kHz
- Voltaje equivalente de ruido de entrada ~ 7.5 nV, f = 1 k Hz
- Voltaje equivalente de ruido de entrada ~ 3.5 nV, f = 10 k Hz

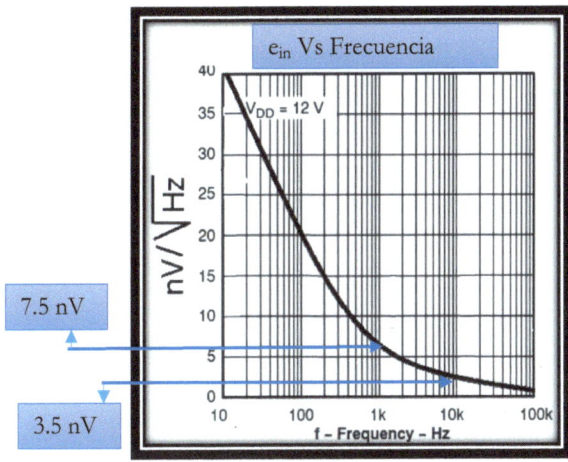

Figura 11. OP-AMP Ejemplo de ruido de entrada equivalente.

La mayor contribución del ruido en el ruido equivalente de entrada (figura 11) es $1/f$. Se supone que la contribución del ruido térmico y el ruido de disparo no son una cantidad significativa en el espectro de ruido total, especialmente para frecuencias por debajo de 1 kHz.

Observe que el ruido disminuye cuando aumenta la frecuencia, incluso cuando el término $\sqrt{Hz}$ sugiere que está proporcionalmente en todas las ecuaciones de ruido. Pero el hecho es que el voltaje de salida está disminuyendo como efecto del filtro de paso bajo, debido a los efectos del capacitor. Por lo tanto, el ruido de entrada equivalente también será menor, ya que la salida también es menor. La figura 12 muestra el mismo espectro en escala logarítmica completa.

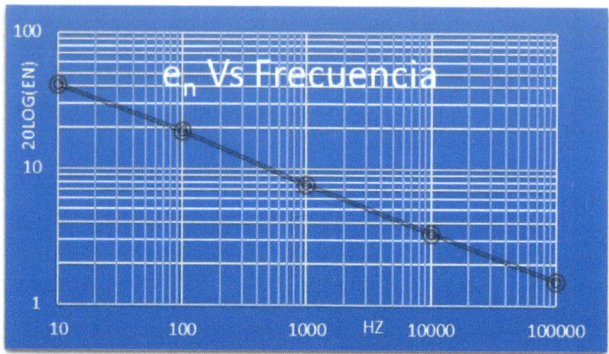

Figura 12. Ruido equivalente de entrada e_n = 20log (nV/$\sqrt{Hz}$)

La figura 12 muestra claramente la caída logarítmica del ruido de entrada total en el OP-AMP.

La figura 13 muestra un circuito amplificador de fotodiodos utilizado como ejemplo para calcular el ruido de salida total de las contribuciones:

Según lo mencionado anteriormente, las contribuciones de ruido consideradas aquí son:

-Ruido de disparo, el de la corriente inversa del fotodiodo D1.

-Ruido térmico de las resistencias R_2, R_3.

-Ruido equivalente de entrada según la hoja de datos de OP-AMP.

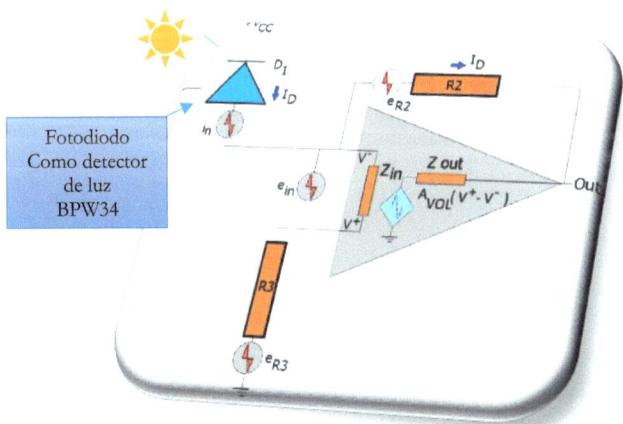

Figura 13. Ruido en el amplificador de fotodiodo.

En el circuito de la figura 13, la ecuación de ruido de salida OP-AMP puede escribirse así:

$$V_{nout} = \sqrt{(I_n R_2)^2 + e_{R3}{}^2 + (e_{in} A_{VOL})^2 + e_{R2}{}^2}$$

Donde:

$I_n = \sqrt{2QI_D}$; ruido de contribución del fotodiodo ID

$e_{R3} = \sqrt{4KTR_3}$; ruido de contribución térmica de R_3

$e_{in} = 12\ nV$; $desde\ OP-AMP\ ficha\ de\ datos, 1\ KHz\ (hipotético)$;

$e_{R2} = \sqrt{4KTR_2}$; ruido de contribución térmica de R_2

Asumiendo valores de ejemplos numéricos:

T = 25°C, R_2 =10 MΩ, R_3= 100 kΩ, I_D = 10nA, A_{VOL}= 315.000:

$$I_n = \sqrt{2QI_D} = 5.65\ x10^{-14}\ A$$

$$e_{R3} = \sqrt{4KTR_3} = 4.06x10^{-8}\ V$$

$$e_{in} = 12\ nV$$

$$e_{R2} = \sqrt{4KTR_2} = 4.06x10^{-7}\ V$$

35

Sustituyendo:

V_{nout}

$$= \sqrt{(5.65x10^{-14}x10^6)^2 + (4.06x10^{-8})^2 + (3.78x10^{-3})^2 + (4.06x10^{-7})^2}$$

$$V_{nOUT} = \sqrt{3.19x10^{-15} + 1.64x10^{-15} + 1.42x\ 10^{-5} + 1.64x10^{-13}}$$

$$V_{nOUT} = 3.76x10^{-3}\ V$$

Es notable que en esta configuración el ruido está dominado exclusivamente por el término e_{in}. En segundo lugar, está la aportación de R_2. Pero, por ejemplo, si $R_2 = 1G\Omega$, 100 veces más grande, el ruido de salida equivalente en R_2 sería aún más bajo ($4.06x10^{-6}$) que e_{in} ($3.78x10^{-3}$). Aquí el ruido es claramente del OP-AMP y no de los componentes externos, como fotodiodos o resistencias.

En conclusión, el ruido está dominado principalmente por el parámetro e_{in}.

Por lo tanto, cuando el ruido es crítico en el diseño, se debe seleccionar un OP-AMP de muy bajo ruido. El ruido afectará este criterio solo cuando la entrada sea más baja o en el rango de magnitud este ruido. De lo contrario, no importa qué OP-AMP se utilice.

Claramente, para reducir el ruido de salida total posible, el valor R_2 y l I_d (corriente oscura) del fotodiodo deben ser lo más bajos posible

R_2, y el fotodiodo, son componentes externos que se pueden calcular o elegir siempre por conveniencia.

De acuerdo con lo descrito anteriormente en el circuito de la figura 13, el pulso de corriente en el fotodiodo debe ser más alto que la corriente oscura para garantizar que pase el umbral fijado por el ruido de salida y, de esta manera, detectar el pulso en la salida. De lo contrario, el pulso se enterrará en ruido y no se notará ningún cambio.

2.8 Capacidad de Entrada (C_i)

La capacidad de entrada (C_i) siempre está presente en la entrada del OP-AMP y es muy importante cuando la ganancia está dominada por la capacitancia en lugar de la resistencia externa.

La capacidad de entrada es difícil de eliminar debido a la capacidad parásita en los componentes del cableado. Un buen OP-AMP debe tener siempre una capacitancia de entrada muy baja, normalmente está en el rango de 1-4 pF.

La capacidad de entrada juega un papel importante en la ganancia de ruido. Por ejemplo, en la configuración de realimentación negativa, el ruido puede amplificarse si el condensador de realimentación (C_f) no está bien calculado en comparación con la capacidad de entrada.

Continuando con retroalimentación negativa, en la configuración de inversor y no inversor, la ganancia de ruido es:

$$A_{vn} = \frac{c_{in}}{c_f} \tag{13}$$

La Figura 14 muestra un circuito de ganancia de ruido equivalente para: (a) inversor y (b) configuración sin inversor.

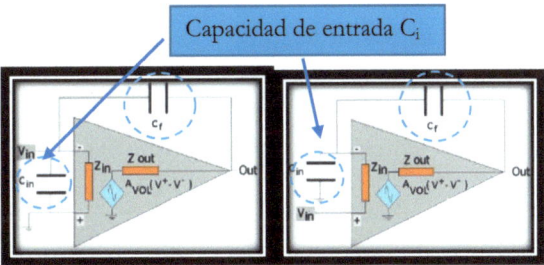

Figura 14. Ganancia de ruido en el modelo inversor. (b)modelo no-inversor.

La expresión (13) muestra que en ambos casos la capacitancia de realimentación C_f debe ser más alta que la capacitancia de entrada C_{in}, para mantener la ganancia de ruido lo más baja posible.

Como ejemplo numérico, la figura 14 muestra un caso de amplificador de inversión con los siguientes valores:

R_F= 470.000 kΩ
R_1 = 470.000kΩ
C_{in} = 30 pF
C_f = 10 pF

En este caso, la ganancia teórica esperada es $= |A_v| = -\frac{R_f}{R_1} = -1$ y la frecuencia de corte del filtro de paso bajo es:

$$f_c = \frac{1}{2 * \pi * R_f * C_f} = 33.862 \; kHz$$

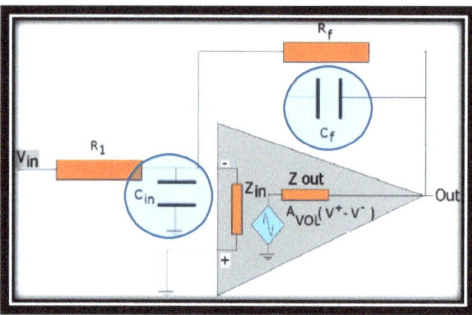

Figura 14. Ejemplo de amplificador inversor.

Se ha realizado un cálculo para trazar la curva de las figuras 15, 16 y 17.

La Figura 15 muestra la verdadera curva de ganancia, incluida la ganancia de ruido y la teórica.

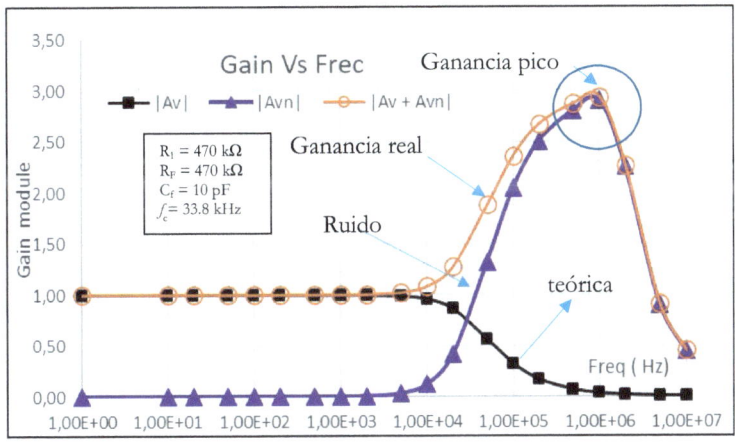

Figura 15. Gráfica de ganancia Vs de frecuencia en el caso de la figura 14.

La curva $|Av|$, en cuadrado sólido, representa la respuesta del módulo de ganancia teórica sin tener en cuenta la capacidad de entrada (C_{in}). Curva $|Av_n|$, en triángulo sólido, es el módulo de ganancia de ruido, y $|Av+Av_n|$, en círculo, es el módulo de ganancia real en el circuito. Es bastante observable que la ganancia real no se está reduciendo a la frecuencia de corte esperada (fc=33.8 kHz), como muestra la curva teórica, sino más bien que la ganancia aumenta hasta que alcanza el valor máximo de ($\frac{c_{in}}{c_f} = 3$), luego La ganancia total se atenúa en función de la frecuencia y por la propia limitación interna en el OP-AMP (GBP).

Este efecto de aumentar la ganancia se conoce como efecto de ganancia pico y se señala en la figura 15.

Ahora, la figura 16 muestra la respuesta de ganancia en función de la frecuencia obtenida al cambiar el condensador de realimentación (C_f = 100 pF) por un valor más alto.

Ahora, la figura 16 muestra la respuesta de la ganancia en función de la frecuencia cambiando el capacitor de retroalimentación (C_f = 100 pF) por un valor mayor.

39

Las leyendas de las curvas son las mismas.

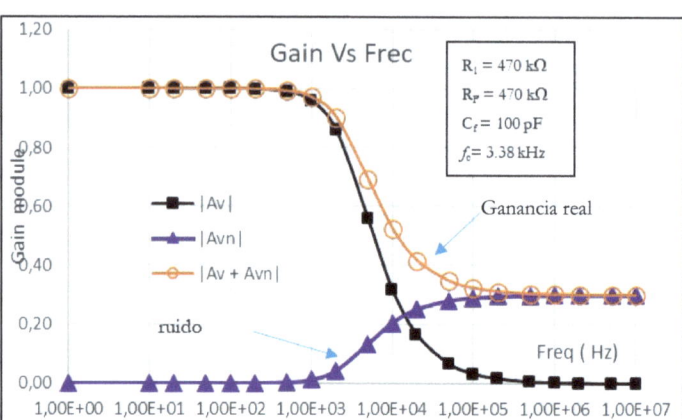

Figura 16. Gráfica de ganancia Vs la frecuencia en el caso de la figura 14. Con C$_f$ = 100 pF

En el caso de la figura 16 ya no existe el efecto de la ganancia pico Una curva de ganancia más suave se obtiene cambiando solo el valor C$_f$. El precio por pagar es una reducción en la frecuencia de corte del circuito, ahora f_c = 3.3 kHz. Pero la respuesta general está más cerca de lo esperado por un buen circuito.

Ahora, la figura 17 muestra un circuito en el que vuelve a calcular los valores, por lo que la frecuencia de corte (f_c) se mantiene igual a 3.3 kHz al cambiar ahora R$_1$, R$_f$ y C$_F$. Se vuelven a realizar los mismos cálculos de ganancia, y las curvas de resultados se muestran en la figura 17.

Observando la figura 17, es evidente que se obtiene el mejor resultado en este caso. La curva de ruido es casi cero, y la ganancia total |Av + Avn| está muy cerca de lo esperado en la curva teórica de |Av|.

Una vez más, el valor C$_f$ es mucho más alto que C$_{in}$.

$C_f > C_{in}$;*para reducir la ganancia de ruido*

En conclusión, los condensadores C_f y C_{in} juegan un papel importante en la respuesta de ganancia y, por lo tanto, en la estabilidad de frecuencia del circuito OP-AMP.

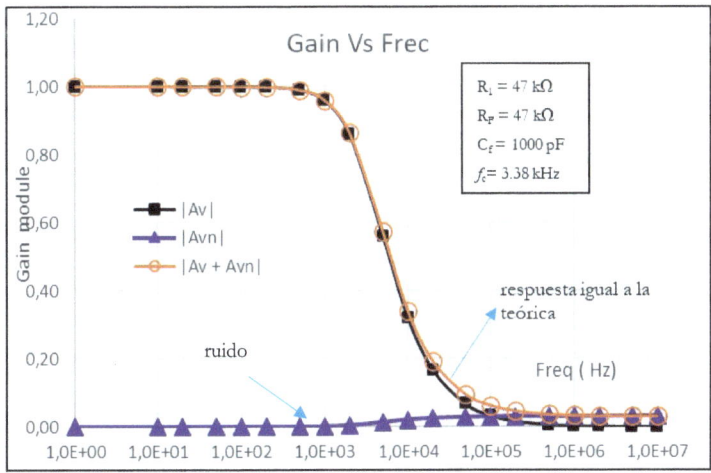

Figura 17. Gráfica de la frecuencia de ganancia Vs en el caso de la figura 14. Con C_f = 1000 pF.

En el ejemplo de la figura 16, la reducción de la frecuencia de corte se realizó intencionalmente, debido al valor muy alto de la capacidad de entrada (impuesta) que hace necesario elegir un valor C_f muy alto. Además, para cambiar el valor de las resistencias. La idea es demostrar el efecto de la capacidad de entrada en el comportamiento de la ganancia.

En casos normales, la capacidad de C_{in} está en el rango de 1-4 pF, por lo que hacer $C_f \geq 40$ pF, digamos 100 pF, sería suficiente para la mayoría de las aplicaciones. Pero también la frecuencia de corte puede mantenerse más alta, al reducir los valores de las resistencias como, por ejemplo, 10 KΩ o más bajo. La misma ganancia se puede obtener con una combinación de resistores de valor más bajo. Recuerde que una mayor resistencia cuanto mayor es el ruido. Pero también, la frecuencia de corte disminuye mientras aumenta la resistencia. Por lo tanto, siempre se recomienda poner la resistencia lo más bajo posible.

Nuevamente, la idea es hacer que el capacitor de C_f sea siempre más alto que el de C_{in}, digamos por un factor de 10. C_f debe estar siempre presente en el circuito en paralelo a R_f. Luego usar resistencias de valores bajos como sea posible. Esto evitará que el efecto de ganancia máxima aparezca en la respuesta de ganancia y mantenga la frecuencia de corte intrínseca limitada por el parámetro OP-AMP y no por componentes externos.

Por supuesto, el condensador C_f puede ser cualquier valor para reducir la frecuencia de corte (filtro de paso bajo) por componente externo, si se desea, pero siempre es más alto que C_{in}.

2.9   CMRR (Ratio de Rechazo de Modo Común)

En la sección uno se dio una explicación introductoria sobre este parámetro. Cuanto más alto es el CMRR, mejor es el OP-AMP. La relación CMRR da la idea de cuánto ruido puede ser rechazado en comparación con la señal. El valor típico de CMRR está en el rango entre 90-120 dB, y se define como:

$$CMRR = 20\log\left(\frac{A_{vd}}{A_{vc}}\right) \qquad (14)$$

Como ya se mencionó anteriormente para mantener la ganancia de ruido al mínimo, es necesario usar una configuración diferencial, en lugar de una única, como se muestra en la figura 18.

Para aprovechar las ventajas de la CMRR, intente utilizar la configuración diferencial (fig18a) como sea posible. Pero, sin embargo, la configuración única (fig18b) se puede utilizar en todos los casos donde la relación señal a ruido (SNR) es muy grande, en otras palabras, la señal es muy fuerte y el ruido es o puede ser despreciado.

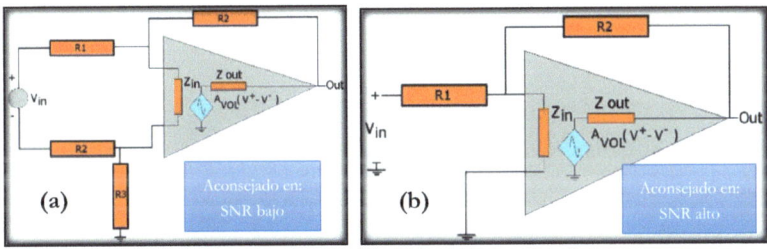

Figura 18. (a) Modo diferencial, (b) Modo único.

La figura 19 ahora representa el modelo de ruido equivalente para ambos: modo amplificador diferencial y simple o único.

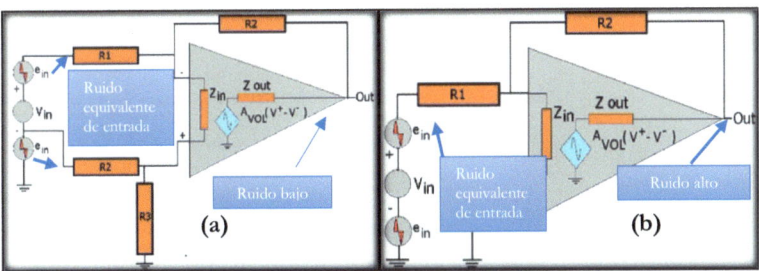

Figura 19. Modelo de ruido para: (a) Modo diferencial, (b) Modo único.

En la figura 19 caso (a):

$$v_{out} = A_{VD}v_{in} + e_{in}A_{VC} \tag{15}$$

Dónde:

$A_{VD} = la\ ganancia\ diferencial\ ; \gg 1$

$A_{VC} = la\ ganancia\ común;\ \ll 1$

$e_{in} = entrada\ de\ ruido$

$V_{in} = señal\ de\ entrada$

En el caso (b):

$$v_{out} = A_v(v_{in} + \Sigma e_{in}) \tag{16}$$

Donde: $\Sigma e_{in} = \sqrt{(e_{n0})^2 + (e_{n1})^2} ...$

43

Ahora, al comparar ambas ecuaciones (15) y (16) es fácil saber que la contribución del ruido es mucho menor en la ecuación (15), debido a que el término A_{VC} es mucho menor que 1.

Por lo tanto, el modo diferencial rechaza mejor el ruido, por lo que es una configuración más adecuada en caso de que el ruido deba tener un rechazado alto, o un SNR muy, o en el caso de un amplificador de muy alta ganancia.

Está comprobado que al usar la configuración diferencial expandimos las ventajas del CMRR.

2.10 Corriente de polarización de entrada.

En teoría, ninguna corriente debe fluir entre los puertos + y – del OP-AMP.

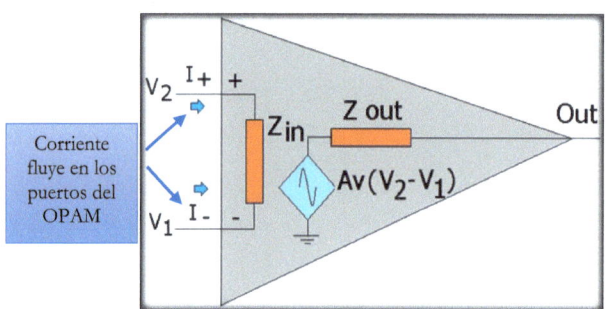

Figura 20. Corriente de Polarización de Entrada.

En la práctica esta corriente existe y no es nula. La corriente de polarización en el OP-AMP también se llama I_{B+} y I_{B-} respectivamente. En la práctica, esta corriente generalmente cae en el orden de los nanoamperios a los picoamperios, pero algunos OP-AMPs especiales pueden incluso disminuir esta corriente al rango de los femtoamperios (10^{-15} A).

Para ver la importancia de esta corriente, supongamos el caso en el que tenemos una corriente de polarización de entrada de 1 mA (intencionalmente). observa la figura 21.

En el ejemplo de la figura 21, la corriente I_{R2} es:

$$I_{R2} = I_{R1} - I_B$$

Ahora, considerando los valores actuales V_{in} = 10 V, R_1 = 10kΩ, y R_2= 20 kΩ

Y supongamos también que A_{VOL} = número muy alto (500.000 por ejemplo)

Si V⁻ ~0V, puede ser descuidado con respecto a V_{in}, entonces:

$$I_{R1} \sim \frac{V_{in}}{R_1} = 1\ mA$$

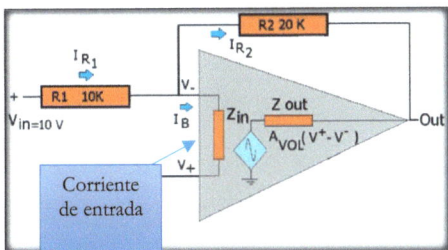

Figura 21. Teniendo en cuenta la corriente de polarización de entrada

Entonces: $I_{R2} = 0\ A$, que da como resultado:

$$V_{out} = -I_{R2} * R_2 = 0V$$

Este simple cálculo demuestra el hecho de que la corriente de polarización de entrada debe ser lo más baja posible, en todos los casos.

Ahora, asumiendo I_B = 10 nA, por ejemplo, y recalculando en el mismo ejemplo

$$I_{R2} = I_{R1} - I_B = 0.999\ mA$$

Entonces:

$$V_{out} = -I_{R2} * R_2 = -19.998\ V$$

El valor anterior ahora coincide con el valor esperado para la ganancia estimada= -2

45

Normalmente, el usuario no tiene que prestar atención a este parámetro ya que, como se indicó antes, esta corriente generalmente está en el rango de nA a pA. Pero, sin embargo, en algunos casos donde la corriente de flujo de entrada ($I_{R1} \sim I_{in}$) es muy pequeña o comparable a la corriente de polarización de entrada, será necesario seleccionar un OP-AMP adecuado con una corriente de polarización de entrada lo suficientemente baja como la corriente de I_{in}. Estos pueden ser los casos de los electrómetros, medidores de corriente (nano amperímetros), detectores de fotocorriente, por ejemplo.

En cualquier caso, para que funcione correctamente, la corriente que fluye por la resistencia de realimentación debe ser más alta que la corriente de polarización de entrada.

Los OP-AMPs con una corriente de polarización de entrada en orden de femtoamperios pueden ser muy costosos y sensibles a los entornos ruidosos. Por lo tanto, necesitan estar muy protegidos de todas las fuentes de ruido.

2.11 Corriente de Compensación de Entrada (I_{OS})

La diferencia entre las corrientes de polarización de entrada I_{B+} y I_{B-} es la corriente de compensación de entrada:

$$I_{OC} = I_{B+} - I_{B-} \qquad (17)$$

En la mayoría de los casos, la fabricación expresa resulta en I_{OS} en términos de valores mínimos, típicos y máximos. Esto se debe a que es difícil obtener una entrada combinada perfecta en todas las condiciones. Digamos que la temperatura, el voltaje, la aplicación, etc. afectan este parámetro. En algunos casos, esta diferencia se puede tabular en la hoja de datos de OP-AMP como un valor absoluto, o como valores de +/-.

Algunos OP-AMPs tienen una compensación de corriente de polarización interna para mejorar esta coincidencia.

La figura 22 representa un amplificador con resistencia externa que se utiliza para compensar los efectos de la corriente de polarización en el desplazamiento de entrada.

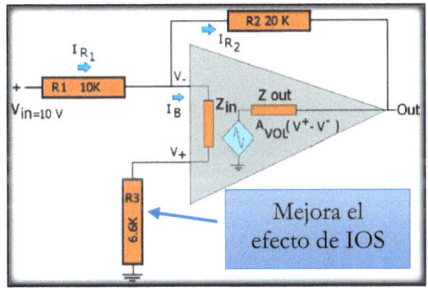

Figura 22. Cancelando I$_{OS}$ con resistencia externa R$_3$.

En el circuito de la figura 22:

$$(V^+ - V^-)A_{VOL} = V_{out} \qquad (18)$$

y:

$$V^+ = -I_{B+}R_3 \qquad (19)$$

y:

$$\frac{(V_{in} - V^-)}{R_1} - I_{B-} = \frac{(V^- - V_{out})}{R_2} \qquad (20)$$

De la ecuación (20):

$$V^- = \frac{R_1 V_{out}}{R_1 + R_2} + \frac{R_2 V_{in}}{R_1 + R_2} - \frac{(R_2 R_1) I_{B-}}{R_1 + R_2}$$

Luego sustituyendo en la ecuación (18):

$$\left(-I_{B+}R_3 - \frac{R_1 V_{out}}{R_1 + R_2} - \frac{R_2 V_{in}}{R_1 + R_2} + \frac{(R_2 R_1) I_{B-}}{R_1 + R_2}\right) A_{VOL} = V_{out}$$

$$V_{out} = -\frac{R_2}{R_1} V_{in} + \frac{(R_2 + R_1) R_3}{R_1} I_{OS} \qquad (21)$$

Ahora considerando R$_3$ es un paralelo de R$_1$ y R$_2$:

$$R_3 = \frac{R_1 R_2}{R_1 + R_2}$$

$$V_{out} = -\frac{R_2}{R_1} V_{in} + R_2 I_{Os} \qquad (22)$$

47

Note que la conveniencia de que R_3 sea un paralelo de R_1 y R_2, hace que la tensión disminuya en V+ y V- debido a que la corriente de polarización de entrada es similar. El voltaje de compensación debido a esta corriente se minimiza al término $R_2 I_{OS}$, que en cualquier caso resulta más bajo que el obtenido con $R_3 = 0\ \Omega$.

En el caso de $R_3 = 0\ \Omega$.

$$V_{out} = -\frac{R_2}{R_1} V_{in} + R_2 I_{B-}$$

El valor $R_2 I_{B-}$ siempre es mayor que $R_2 I_{Os}$ porque I_{OS} es una diferencia y I_{B+} y I_{B-} son generalmente muy similares.

Esta técnica puede aplicarse perfectamente en el caso de que las corrientes de polarización de entrada no coincidan bien o no se compensen. En el resto de los casos, si se cuenta con una compensación en la corriente de polarización de entrada, este criterio no se aplica, por lo que R_3 puede tener cualquier valor. El diseñador debe verificar este parámetro en la hoja de datos del fabricante.

2.12 Voltaje de Compensación de Entrada (V_{IO}, V_{OS})

Debido a la diferencia entre la corriente de polarización de entrada (corriente de desviación de entrada) y la impedancia de entrada finita, y otros parámetros en el diseño OP-AMP, la salida es casi nunca es exactamente 0 V, pero puede estar muy cerca. Normalmente, este desplazamiento en el voltaje de salida está en el rango de algunos milivoltios o microvoltios. Luego, es necesario aplicar externamente una cierta cantidad de voltaje de DC a un puerto V- o V+, de tal manera que la diferencia de entrada compense el voltaje de salida para alcanzar el equilibrio de 0 V.

Hay tipos de OP-AMP con voltaje de compensación de entrada compensado automáticamente, por lo que no es necesario compensar externamente usando una resistencia variable.

La compensación externa generalmente se realiza mediante una combinación en serie de una resistencia fija y variable que son específicamente para cada fabricante de OP-AMP, lo que permite ajustar la tensión de salida de compensación en el nivel de μV a mV.

Se debe tener en cuenta la dependencia de la temperatura que afecta este parámetro, así como la corriente de polarización de entrada. La desviación en el voltaje de salida de compensación estará presente si la temperatura cambia a lo largo de un amplio rango.

El voltaje de compensación de entrada ideal es 0 V.

2.13 Corriente de Salida (I_O, OC)

Normalmente, los OP-AMPs no suministran una cantidad significativa de corriente. La mayoría de ellos proporcionan unas decenas de miliamperios. Por lo tanto, puede ser posible que puede encender un solo led, pero si es necesario extraer más corriente para conducir una carga más alta, como un relé, por ejemplo, se necesita amplificar la corriente de salida por medio de un transistor, por ejemplo, utilizando uno o dos, dependiendo de si la tensión de salida oscila en una fuente única o doble respectivamente.

Además, debido a que la corriente de salida está limitada a un valor máximo, en este caso se indica una protección contra cortocircuitos (I_{SC}). La duración de la condición de cortocircuito puede ser, en algunos casos, indefinidamente en el tiempo. Esta es una protección interna en el OP-AMP que preserva la salida para no quemarse por calentamiento excesivo. Durante la protección contra cortocircuitos, la salida se puede plegar de nuevo a un nivel inferior de voltaje.

Es importante tener en cuenta que el límite de corriente de salida está condicionado a una carga resistiva pura. Para impulsar cargas inductivas o capacitivas es necesario asegurarse de que se tomen algunas protecciones para evitar el pico de corriente, la sobrecarga, que puede dañar la etapa de salida por transitorios. También se recomienda revisar la hoja de datos para buscar este detalle.

En el caso de la activación de relés o de cualquier carga inductiva, siempre se recomienda usar protección de diodo contra la respuesta transitoria.

2.14 Proporción de Rechazo de la Fuente de alimentación (PSRR)

El PSRR expresa la relación de la variación en la tensión de salida del OP-AMP por la por variación de la tensión de alimentación. Depende también del bucle de retroalimentación. No hay una definición estándar industrial en este término. Pero en teoría, cuanto más grande es el PSRR, mejor es el rechazo del OP-AMP a la ondulación o el ruido proveniente de la fuente de alimentación.

$$PSRR\ (dB) = 20log_{10}(\frac{\Delta V_{supply}}{\Delta V_{out}}) \qquad (23)$$

O:

$$PSRR\ (dB) = 20log_{10}(\frac{Ripple_{Input}}{Ripple_{Output}}) \qquad (24)$$

En general, es importante alimentar al OP-AMP con una buena fuente de voltaje, ya que el ruido o la ondulación pueden afectar la salida. El factor PSRR garantiza una atenuación constante, pero la salida se verá afectada según la calidad de la fuente de alimentación.

3.0 Algunos Circuitos Prácticos

La siguiente sección contiene una guía técnica para una buena comprensión y técnica de diseño de los circuitos más prácticos que se utilizan todo el tiempo.

La aplicación más común de OP-AMP es sin duda el amplificador.

En el contexto de un buen diseño, todo es importante: la alimentación adecuada, los filtros de desacoplamiento, el tipo de OP-AMP elegido, el acondicionamiento de la señal, el tratamiento del ruido, el filtrado, la distorsión, y por supuesto la amplificación.

3.1 Alimentando el OP-AMP

Lo primero que debe hacer es decidir si se utilizará una fuente de alimentación simple o doble. La mayoría de los OP-AMPs pueden funcionar con una fuente de alimentación simple o doble, pero algunos de ellos no funcionan bien con el caso de una sola fuente. Por lo tanto, es necesario consultar la hoja de datos en cualquier caso antes del trabajo de diseño.

Si el costo no es un problema y se requiere una referencia a cero 0V, la opción es el suministro dual. Pero, si la referencia puede ser diferente de 0V, entonces la fuente única puede ser la elegida.

La mayoría de las veces, se prefiere el suministro único por razones prácticas: suministro de energía único en lugar de dos, menor costo y diseño más compacto.

La figura 23 muestra la configuración de los pines para la mayoría del circuito integrado OP-AMP simple de 8-pines. Sin embargo, se recomienda verificar la configuración de pines antes de conectar el OP-AMP.

Tenga en cuenta que la figura 23 muestra los condensadores de desacoplamiento de AC de valor típico de 100 nF. Esta técnica es altamente recomendada para reducir el ruido y los picos de inductancia provenientes del cableado y la fuente de alimentación. Con preferencia, este capacitor debe estar hecho de teflón, polipropileno, poliéster o plástico de tipo dieléctrico para garantizar una resistencia de serie equivalente (ESR) y una inductancia de serie equivalente (ESL) muy bajas. En esta categoría se encuentran: silicio, mica y cerámica. Además, estos condensadores deben colocarse físicamente lo más cerca posible de los pines de la fuente de alimentación del OP-AMP.

La trayectoria a tierra (condensadores) debe tener el área más grande posible y mantenerse corta en su trayectoria hacia la fuente.

También es posible aumentar esta capacitancia (5-10 μF) agregando un capacitor electrolítico siempre en paralelo con la referencia 100 nF.

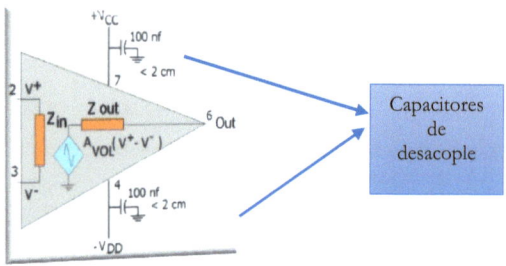

Figura 23. Alimentando el OP-AMP: fuente de alimentación dual.

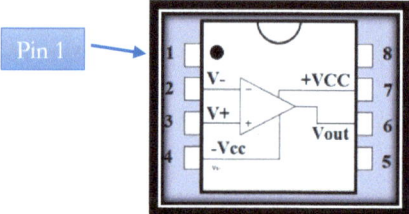

Figura 24. Patillas de configuración OP-AMP típicas de 8 pines

Figura 25. Imagen del OP-AMP de 8 pines. En la foto el UA741 de Texas.

Desde este punto en adelante, cada vez que se utiliza un OP-AMP, la configuración de los condensadores de desacoplamiento está implícita, por lo que incluso cuando el circuito no lo muestre se supondrá. En el caso de suministro único, solo se necesita un condensador de desacoplamiento, la figura 26 muestra un ejemplo. Recuerde, desde aquí este capacitor no se mostrará, pero está implícito.

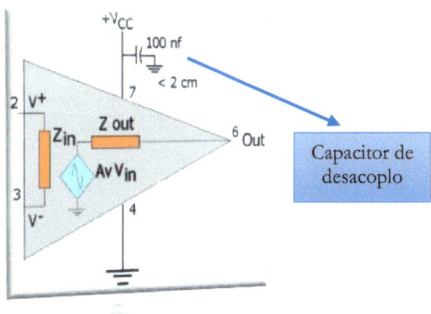

Figura 26. Alimentación OP-AMP con una sola fuente. Se muestra el condensador de desacoplamiento.

Ahora supongamos que elegimos la opción de la fuente de alimentación única.

Para una fuente de alimentación positiva, use la configuración como se muestra en la figura 28.

Tenga en cuenta que, en el voltaje negativo, el pin asignado a -V_{CC} está conectado a tierra.

Cuando se utiliza un solo suministro, el *swing* o barrido negativo se corta al nivel del 0V. Por lo tanto, para amplificar las señales de AC, es necesario montar un nivel de DC en la salida del OP-AMP. Este nivel de DC será desplazado por la señal de entrada de AC hacia arriba y hacia abajo, desde el nivel de DC hasta cierto voltaje cerca de la fuente de alimentación, y desde el nivel de DC a tierra, haciendo que la salida oscile. Si se desea un giro simétrico de la salida, entonces el nivel de DC debe ser igual a la mitad de la tensión de la fuente de alimentación.

$$Q_{DC} = \frac{V_{CC}}{2} \qquad (25)$$

El máximo *swing* simétrico de AC es:

$$V_{outmax} = 2Q_{DC} \qquad (26)$$

Para evitar algunos recortes en la señal de salida máxima es necesario que Q_{DC} y la ganancia sean muy estables con la temperatura y la frecuencia.

3.2 Amplificador inversor

La figura 27 muestra ahora un amplificador inversor muy común con fuente de alimentación doble para amplificar señales de AC.

Alternativamente, la figura 28 muestra el mismo amplificador inversor, pero usa una fuente de alimentación única para amplificar las señales de AC.

Tenga en cuenta que en la figura 28 es necesario un nivel de DC para amplificar la señal de entrada positiva y negativa.

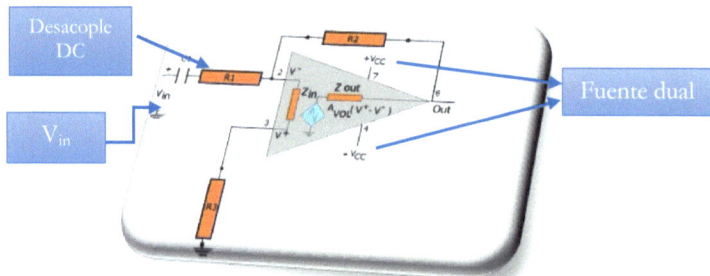

Figura 27. Amplificador AC de doble alimentación. Los condensadores de desacoplamiento de la fuente de alimentación están implícitos.

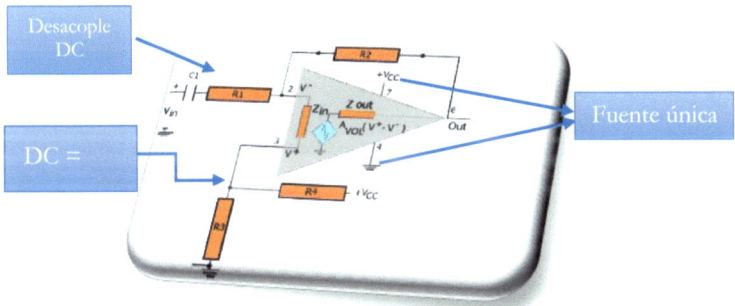

Figura 28. Amplificador AC de una sola fuente. El condensador de desacoplamiento es implícito.

El amplificador en la figura 28 está desacoplado en DC por el condensador C_1.

Como se comentó antes, R_3 es igual al paralelo de $R_1//R_2$. (para un OP-AMP compensado sin polarización de corriente).

$$R_3 = R_1//R_2$$

Entonces:

$$V^+ = \frac{R_3}{(R_3+R_4)} V_{CC} = \frac{V_{CC}}{2} \qquad (27)$$

$$R_4 = R_3$$

$$(V^+ - V^-)A_{VOL} = V_{OUT} \qquad (28)$$

Donde:

$$V^- = V^+ - \frac{V_{out}}{A_{VOL}}$$

Términos: $\frac{V_{out}}{A_{VOL}} \sim 0$, entonces:

$$V^- \sim V^+ \qquad (29)$$

Entonces:

$$\frac{(V_{in}-V^+)}{R_1} = \frac{(V^+-V_{Out})}{R_2} \qquad (30)$$

En **DC**:

$$\frac{(V^+-V_{Out})}{R_2} = 0 \; ; \; V^+ = V_{Out} = \frac{V_{CC}}{2} \qquad (31)$$

En el modo de DC, la corriente en el bucle de realimentación es 0 A porque el condensador C_1 está desacoplando la corriente de DC en R_1.

También tenga en cuenta que en DC la salida del OP-AMP se fija al nivel de DC impuesto por el terminal V^+.

En **AC** (Tenga en cuenta que la señal de entrada se alimenta a través de un condensador de desacoplamiento)

Suponiendo $XC_1 \rightarrow 0$, en la región de frecuencia de trabajo.

La ecuación (30) se puede escribir como:

$$\frac{(v_{in})}{R_1} = \frac{(-v_{Out})}{R_2} \tag{31}$$

Dónde:

$$v_{Out} = -\frac{R_2}{R_1} v_{in} \tag{32}$$

Por lo tanto, la respuesta total superpuesta (DC + AC) será:

$$\boldsymbol{V_{Out}} = -\frac{R_2}{R_1} \boldsymbol{v_{in}} + \frac{V_{CC}}{2} \tag{33}$$

La ecuación (33) es válida para todo tipo de formularios de entrada.

La figura 29 muestra ahora una versión mejorada del circuito en la figura 28:

Tenga en cuenta que los condensadores C_2, C_3 y C_4 se han agregado para limitar el ancho de banda y compensar el pico de ganancia. Además, se reducirá el ruido en $\sqrt{Hz}$.

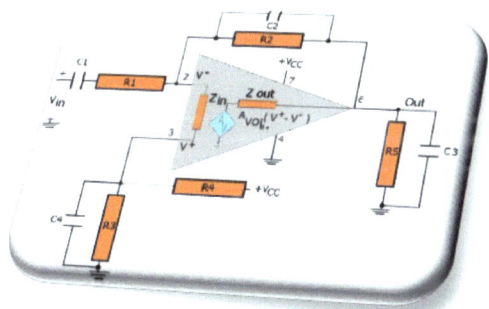

Figura 29. Versión mejorada del circuito figura 28.

La frecuencia de corte de salida (f_{cL}) del filtro de paso bajo será:

$$f_{cL} = \frac{1}{2\pi R_2 C_2} \text{ ; filtro de paso bajo} \qquad (34)$$

$$C_2 = \frac{1}{2\pi R_2 f_{cL}} \qquad (35)$$

Y la frecuencia de corte de entrada (f_{cH}) del filtro de paso alto será:

$$f_{cH} = \frac{1}{2\pi R_1 C_1} \text{ ; filtro de paso alto} \qquad (36)$$

$$C_1 = \frac{1}{2\pi R_1 f_{cH}} \qquad (37)$$

El ancho de banda del filtro (BW) será: $BW = f_{CL} - f_{CH}$ \qquad (38)

C_4 es un condensador de DC para estabilizar el nivel de DC en el puerto de OP-AMP y se puede calcular como un filtro de paso bajo con una frecuencia de corte muy baja, como 50-60 Hz, por ejemplo.

C_3 y R_5 desempeñan un papel más importante y deben ser valores recomendados para una SR óptima y para suavizar la señal. Los valores típicos son: 100 pF y 2 kΩ respectivamente.

Nota: la salida del amplificador se puede desacoplar por DC usando un condensador en serie. Luego, se puede eliminar la DC de la salida utilizando otro condensador de desacoplamiento en serie.

El gráfico de la función de transferencia de este amplificador se muestra en la figura 30, y la ecuación (39) muestra la expresión matemática de la que se obtiene el gráfico de la figura 30.

$$|H(w)| = \frac{R_2}{wC_2 \left(\sqrt{(R_2 R_1 - \frac{1}{w^2 + C_1 C_2})^2 + (\frac{R_2}{wC_1} + \frac{R_1}{wC_2})^2} \right)} \tag{39}$$

Donde: $w = 2 * \pi * f$

La ecuación (39) muestra solo valores absolutos, pero tenga en cuenta que la ganancia es negativa en este circuito. Por lo tanto, la señal de salida se desplazará en una fase de 180° en relación con la señal de entrada.

Para los resultados numéricos se han dado algunos valores:

R_1= 1kΩ, R_2= 20Ω, C_1= 7.9μF, C_2=398 pF.

Como se esperaba, la salida del amplificador se comporta como un filtro de paso de banda. La ganancia máxima se produce en la raíz cuadrada de f_{cL} y f_{cH} :

$$f = \sqrt{f_{CL} * f_{cH}} \tag{40}$$

La ganancia máxima del amplificador es 20 y el ancho de banda es de aproximadamente 20 KHz

$$BW = f_{CL} - f_{CH} = 20.000\ Hz - 20\ Hz \sim 20.000\ Hz$$

El gráfico de la figura 30 muestra la ganancia en unidades adimensionales en función de la frecuencia en una escala semilogarítmica. La figura 31 es la misma curva de la figura 30 pero utilizando una escala de ganancia normalizada.

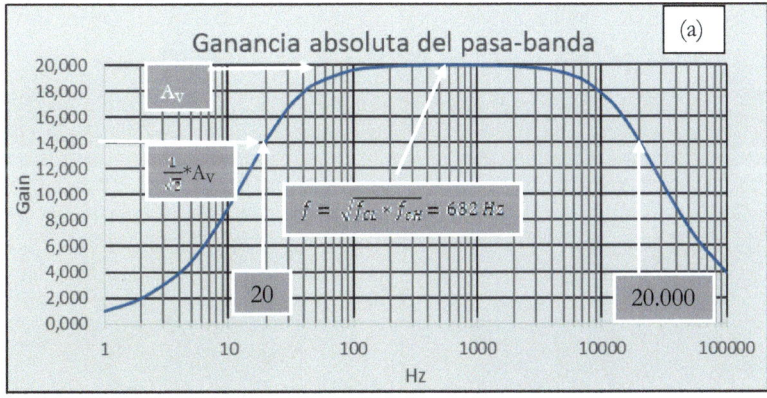

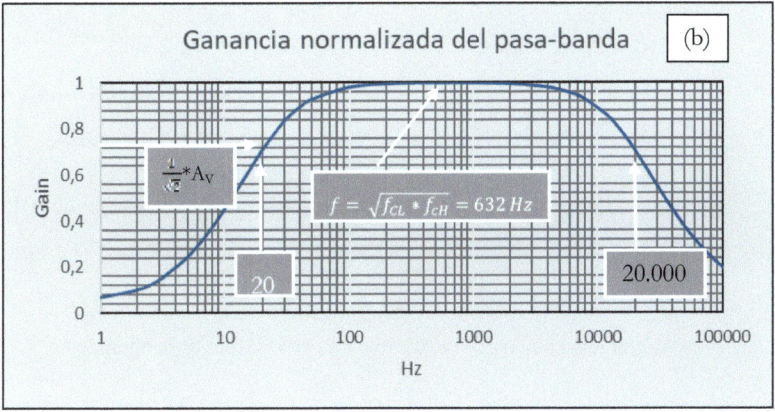

Figura 30. (a) Respuesta de ganancia absoluta $|H(w)|$ para el amplificador de la figura 30. (b) Gráfico de ganancia normalizada de la figura 30(a).

La respuesta gráfica muestra un filtro de paso de banda con una amplia región de frecuencias de paso.

En las regiones por debajo y por encima de las respectivas frecuencias de corte, la señal se atenúa en función de la frecuencia. La tasa de atenuación es una constante.

La respuesta sobre el paso de la banda se puede tomar en forma aproximada como plana, por lo tanto, una ganancia constante.

Como se muestra en la figura 31, la frecuencia de caída o *roll off* da una atenuación de -20 dB/ década. Según un filtro RC de primer orden normal.

La Figura 31 muestra la ganancia en unidades de dB en función de la frecuencia.

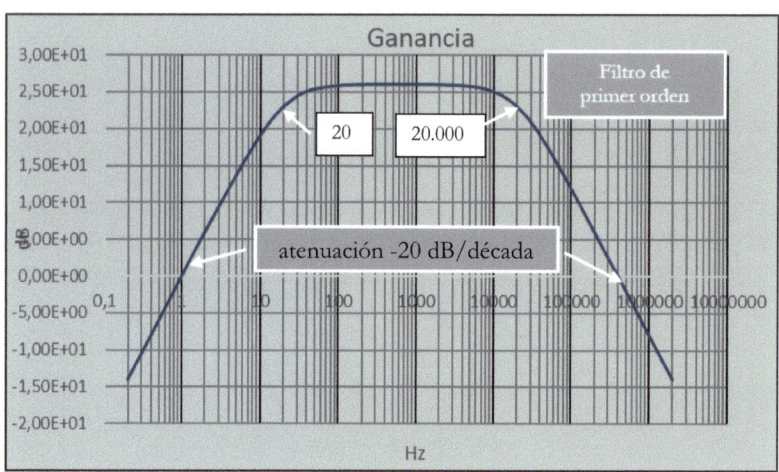

Figura 31. Amplitud de respuesta equivalente en decibelios de la figura 30.

Como se señala en la figura 30, las frecuencias de corte se determinan donde la ganancia se reduce a: $\frac{1}{\sqrt{2}} = 0.707 = 70.7\ \%$, desde su máximo.

La figura 32 ahora muestra la gráfica de salida de ganancia de dos señales de entrada:

- $F_1(t) = 0.25*\text{Sin}(2*\text{pi}()\ *f*t)$; $f_1 = 1$ kHz
- $F_2(t) = 0.25*\text{Sin}(2*\text{pi}()\ *f*t)$; $f_2 = 25$ kHz

entradas

Donde: $f =$ es la frecuencia en kHz de la señal de entrada, y t es el tiempo en milisegundos y pi() $=\pi$

$$w = 2 * \pi * f \qquad (41)$$

$$wt = 2 * \pi * f * t \qquad (42)$$

También se supone que ambas señales están en fase y con amplitudes idénticas. La única diferencia es su frecuencia.

Lo que muestra la figura 32 es la salida de las dos señales de entrada referidas.

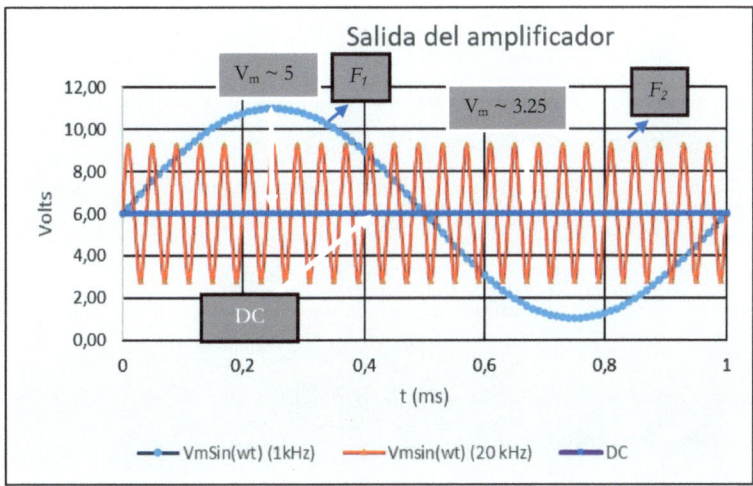

Figura 32. Respuesta de salida de dos señales de entrada. Caso: figur8 28 amplificador.

La ecuación (39) se puede tabular, por ejemplo, en Excel, y luego se puede evaluar como una función de la frecuencia para conocer muy bien el valor de ganancia para cada valor de frecuencia. Sin embargo, a partir de la gráfica de la figura 30, estos valores también pueden extrapolarse.

Desde la figura 30 es fácil ver la ganancia para la señal de entrada de 1 kHz, es casi ~20, porque está dentro del centro del filtro de paso de banda. La ganancia en esta frecuencia es muy cercana al máximo. La ganancia máxima se obtiene cuando la frecuencia está en 632 Hz, como lo indica la ecuación (40). El valor de ganancia exacto se debe obtener al evaluar la expresión (39). Pero para este propósito, será suficiente usar la curva de la figura 30 para la aproximación. Entonces la ganancia del amplificador aquí es aproximadamente la máxima, entonces:

$$V_{Out} = A_V * F_1(t) \sim 5\sin(wt) \; ; A_V \sim 20$$

Y usando la misma aproximación de la curva de la figura 30, en el caso de 25 kHz, $A_V \sim 13$, entonces:

$$V_{Out} = A_V * F_2(t) \sim 3.25\sin(wt) \; ; A_V \sim 13$$

Este ejemplo sirve como demostración de la dependencia de ganancia con la frecuencia. Pero también, para mostrar el uso de la función de filtro en la señal de amplificación.

Como se mencionó anteriormente, el uso del filtro de paso de banda también reduce el ruido de $\sqrt{Hz}$.

En el caso de la señal de entrada de 25 kHz que claramente está fuera del filtro de paso de banda, la salida se atenúa con una relación de -20 dB/década.

La frecuencia se atenúa con -20 dB por década por debajo y sobre las respectivas frecuencias de corte.

Cada -20 dB equivale a una atenuación de $\frac{1}{10}$. Por lo tanto, en 2 décadas, la atenuación total es de -40 dB, equivalente a $\frac{1}{100}$ de atenuación.

Por ejemplo, para la señal de entrada de 2 MHz, la atenuación total esperada en la salida será de -40 dB, lo que significa que la ganancia a esta frecuencia es:

$$A_{V|2MHz} = A_V * 0.01 = 0.2$$

Si: $F_3(t) = 0.25*Sin(2*pi() *f*t)$; $f_3 = 2$ MHz

La tensión de salida será:

$$v_{Out} = A_{V|2MHz} * F_3(t) = 0.05 \sin(2 * pi() * f * t)$$

En la figura 31 esta salida corresponde a:

$$Gain_{|2MHz} = 20\log(A_{V|2MHz}) \sim -14 \, dB$$

El resultado anterior puede comprobarse también desde la figura 31.

Ahora para completar el diseño es necesario tener un parámetro GBP adecuado. Como se discutió anteriormente, la ganancia se puede modificar para este parámetro.

La frecuencia de trabajo superior es la clave aquí. Para 20 kHz (frecuencia más alta), eso por coincidencia es el ancho de banda aquí, y una ganancia de 20, su producto resulta en 400 kHz. Pero, con este GBP, el circuito sufrirá una atenuación de segundo orden a 20 kHz, porque el límite de OP-AMP funciona a la misma frecuencia. Luego, es necesario ampliar el valor anterior al menos en un factor de 10 para garantizar que no haya atenuación de OP-AMP dentro de la región de trabajo.

$$GBP \geq 10 * f_{CL} * A_V \qquad (43)$$

Entonces: $GBP \geq 10 * f_{CL} * A_V = 10 * 20\,kHz * 20 = 4\,MHz$

Aquí f_{CL} es la frecuencia más alta, pertenece al filtro de paso bajo.

Luego se debe elegir un OP-AMP de ancho de banda de 4 MHz.

Es probable que el resto de los otros parámetros no afecten el diseño general, por lo que puede ser cumplido por la mayoría de los OP-AMP en el mercado.

Resumen:

En el diseño de un buen amplificador, siempre se debe considerar un filtro de paso de banda. Esto resultará en un diseño menos ruidoso y más confiable. Además, de no utilizar resistencias ni ganancias muy altas. Los parámetros de GBP también deben ser verificados, así como otros parámetros ya mencionados.

En la siguiente parte presentamos una tabla con todas las fórmulas para este circuito. El propósito de esto es reducir el tiempo que consume el diseño mediante la tabulación de los parámetros más importantes, además de garantizar un buen diseño.

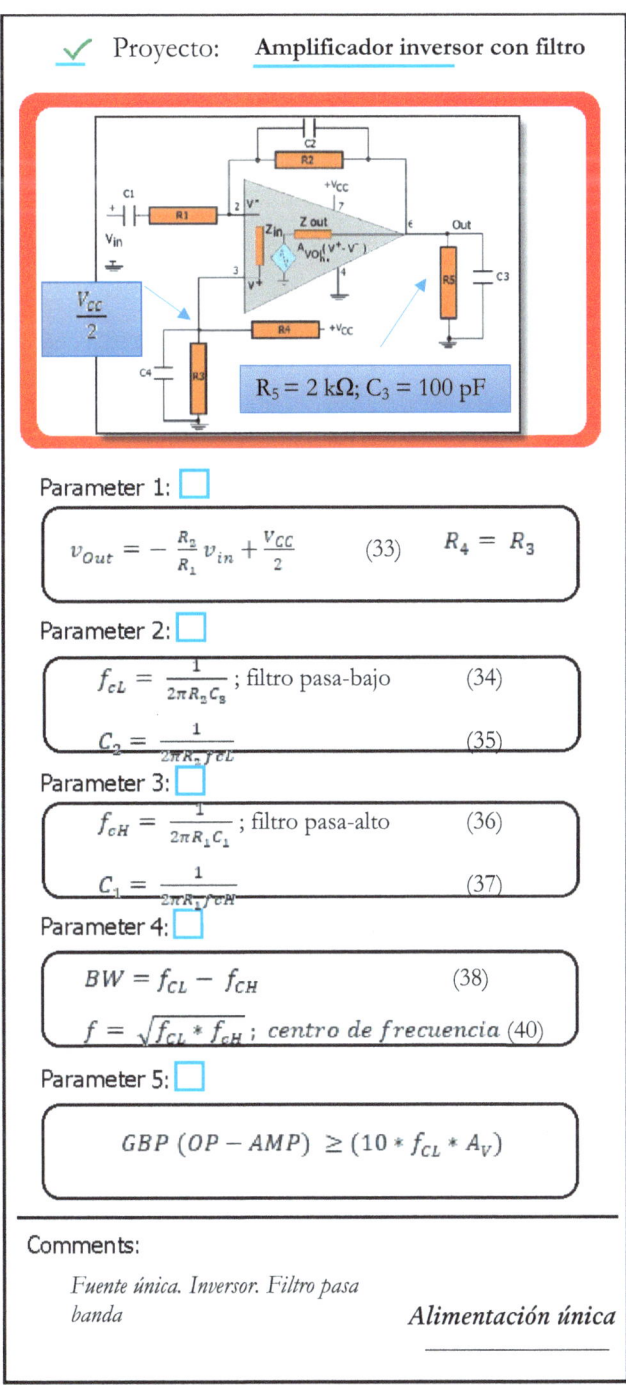

Proyecto: **Amplificador inversor con filtro**

$R_5 = 2\ k\Omega;\ C_3 = 100\ pF$

Parameter 1:

$$v_{Out} = -\frac{R_2}{R_1}v_{in} + \frac{V_{CC}}{2} \qquad (33) \qquad R_4 = R_3$$

Parameter 2:

$$f_{cL} = \frac{1}{2\pi R_2 C_2}\ ;\ \text{filtro pasa-bajo} \qquad (34)$$

$$C_2 = \frac{1}{2\pi R_2 f_{cL}} \qquad (35)$$

Parameter 3:

$$f_{cH} = \frac{1}{2\pi R_1 C_1}\ ;\ \text{filtro pasa-alto} \qquad (36)$$

$$C_1 = \frac{1}{2\pi R_1 f_{cH}} \qquad (37)$$

Parameter 4:

$$BW = f_{CL} - f_{CH} \qquad (38)$$

$$f = \sqrt{f_{CL} * f_{cH}}\ ;\ centro\ de\ frecuencia \ (40)$$

Parameter 5:

$$GBP\ (OP - AMP) \geq (10 * f_{CL} * A_V)$$

Comments:

Fuente única. Inversor. Filtro pasa banda

Alimentación única

Tabla 1. Resumen inteligente del diseño del amplificador inversor.

3.3 Amplificador no inversor

La figura 33 muestra ahora un modelo de un amplificador sin inversor.

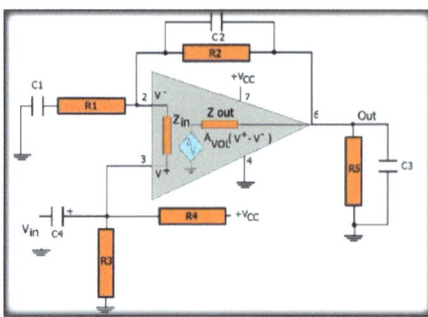

Figura 33. Amplificador no invertido con filtro de paso de banda.

Al igual que el amplificador inversor, la salida se desplaza al nivel de DC igual a:

$$\frac{R_3}{R_3 + R_4} V_{cc} = \frac{V_{CC}}{2} \ |R_4 = R_3$$

Para calcular la ganancia, tenemos las siguientes ecuaciones:

$$(V^+ - V^-) * A_{VOL} = V_{Out} \qquad (44)$$

$$V^+ = V_{in}$$

Suponiendo que las impedancias X_{C1} y X_{C2} se desprecien en esta parte del cálculo. Entonces, en la región de trabajo $X_{C1} \rightarrow 0$, y $X_{C2} \rightarrow \infty$ para el paso alto y el paso bajo respectivamente.

Entonces:

$$\frac{-V^-}{R_1} = \frac{(V^- - V_{Out})}{R_2} \qquad (45)$$

Donde:

$$V^- = \frac{R_1 V_{Out}}{(R_1 + R_2)}$$

Luego sustituyendo en: (44):

$$A_V = \left(1 + \frac{R_2}{R_1}\right) \qquad (46)$$

La salida global será (AC + DC):

$$v_{Out} = \left(1 + \frac{R_2}{R_1}\right) v_{in} + \frac{V_{CC}}{2} \qquad (47)$$

Tenga en cuenta que la ganancia tiene un valor mínimo de 1. En el caso del inversor, la ganancia puede alcanzar incluso el valor cercano a 0. Además, el signo de fase aquí es positivo, por lo que la salida y la entrada están en la misma fase.

La respuesta de frecuencia es muy similar a la del caso anterior, excepto que la función de transferencia tiene un valor agregado constante. Esto significa que cuando la frecuencia tiende a infinito, la ganancia será asintótica a 1. El efecto de la ganancia residual disminuye la atenuación efectiva en dB del filtro. Las figuras 34 y 35 muestran este efecto.

Este efecto también es más notorio cuando la ganancia es relativamente cercana o comparable a la ganancia unitaria.

Por ejemplo, para una ganancia: $R_2/R_1 = 100$, el factor 1 tiene poco o ningún efecto en la primera década. Pero, aun así, la ganancia mínima será 1, por lo que afectará las próximas décadas hasta que no haya más atenuación. En otras palabras, la atenuación final es de 0 dB.

En la figura 34, la ganancia máxima es 21. La frecuencia de corte para los filtros de paso bajo y paso alto se calcula de la misma manera que en el caso anterior. Se definen de forma idéntica. Además, la frecuencia para la ganancia máxima será la raíz cuadrada del producto de ambas frecuencias: baja y alta

Otros parámetros permanecen de la misma manera que en el caso del inversor.

Las figuras 34 y 35 se han graficado asumiendo los mismos valores que en el caso del inversor.

Particularmente, en este caso, el condensador C4 debe calcularse de la siguiente manera:

$$X_{C4} \ll X_{C1} \; ; \; C_4 \gg C_1 \qquad (48)$$

Para los resultados numéricos se han dado algunos valores:

R_1= 1kΩ, R_2= 20Ω, C_1= 7.9μF, C_2=398 pF.

La función de transferencia de la ganancia es:

$$1+|H(w)| = 1 + \frac{R_2}{wC_2 \left(\sqrt{(R_2 R_1 - \frac{1}{w^2 + C_1 C_2})^2 + (\frac{R_2}{wC_1} + \frac{R_1}{wC_2})^2} \right)} \; ; \text{ de la ecuación (39)}$$

El valor de 0.707 de $|H(w)|$= 20*0,707 = 14.14; entonces las frecuencias de

corte se producen en la ganancia = 15.14. observe la figura 34.

Observe También en la figura 35 el cambio en la tasa de atenuación de -20 dB/dec a 0 dB.

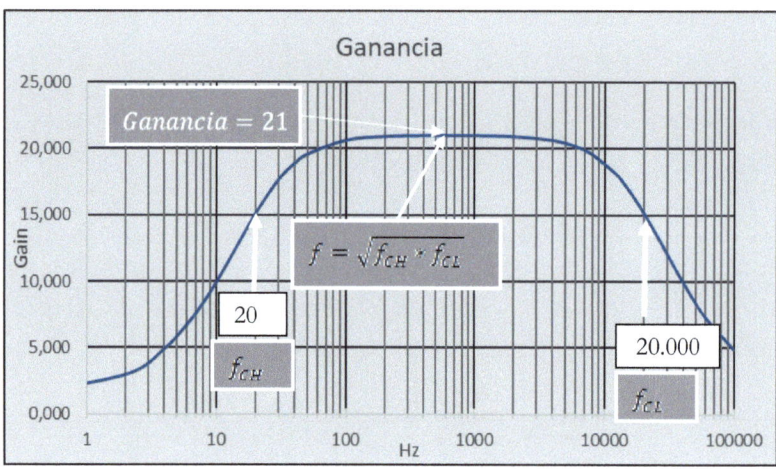

Figura 34. Respuesta de ganancia para el amplificador no inversor.

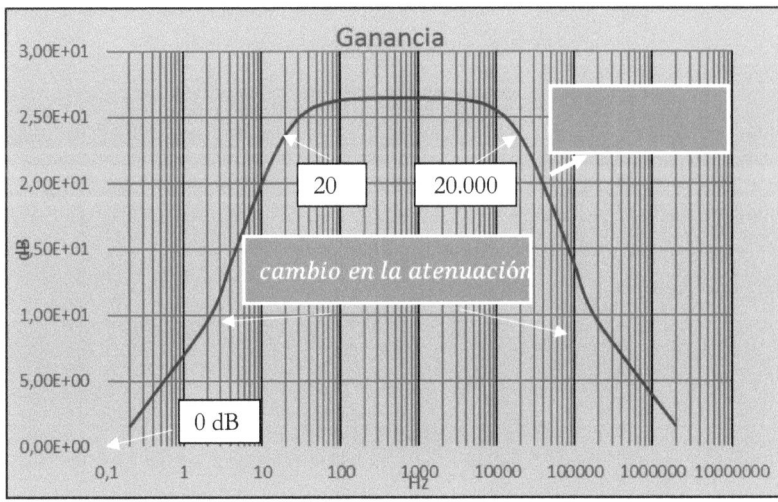

Figura 35. Respuesta de ganancia de dB del amplificador no inversor.

✓ Proyecto: **Amplificador no-Inversor**

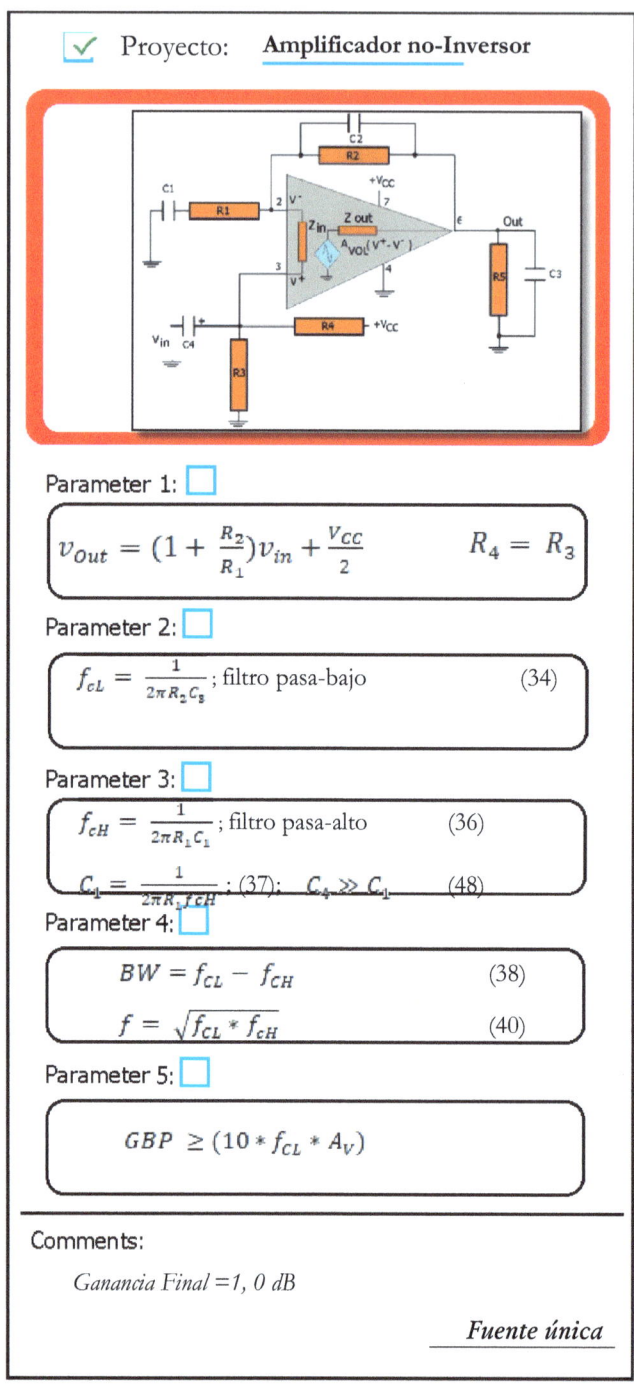

Parameter 1: ☐

$$v_{Out} = (1 + \frac{R_2}{R_1})v_{in} + \frac{V_{CC}}{2} \qquad R_4 = R_3$$

Parameter 2: ☐

$$f_{cL} = \frac{1}{2\pi R_2 C_2} \text{; filtro pasa-bajo} \qquad (34)$$

Parameter 3: ☐

$$f_{cH} = \frac{1}{2\pi R_1 C_1} \text{; filtro pasa-alto} \qquad (36)$$

$$C_1 = \frac{1}{2\pi R_1 f_{cH}} \text{; (37); } C_4 \gg C_1 \qquad (48)$$

Parameter 4: ☐

$$BW = f_{CL} - f_{CH} \qquad (38)$$

$$f = \sqrt{f_{CL} * f_{cH}} \qquad (40)$$

Parameter 5: ☐

$$GBP \geq (10 * f_{CL} * A_V) \qquad$$

Comments:

Ganancia Final =1, 0 dB

Fuente única

Tabla 2. Resumen inteligente de amplificador no inversor.

3.4 Ganancia de Unidad (Buffer)

El amplificador de ganancia unitaria también se conoce como búfer. Como su nombre sugiere, la ganancia en este caso se fija en 1. Debido a que la ganancia es 1, se aprovecha el máximo de GBP. El ancho de banda es el más alto, dando el rango de frecuencia máximo. Pero este tipo de circuito se usa solo en los casos de amortiguamiento o acoplamiento de impedancia de una etapa a otra en la cadena de amplificación. La figura 36 muestra la configuración de ganancia de la unidad.

Para garantizar el máximo ancho de banda, es recomendable utilizar la constante C_3R_5 óptima en el circuito, para mejorar el parámetro SR. Además, R_4, R_3 deben ser lo más bajo posible para mantener la coincidencia con el puerto de entrada V^-.

Normalmente, la impedancia de la entrada en este caso es relativamente alta, por lo que debe establecer el primer valor R_3 y luego corregir el valor R_4. Este valor puede ser, por ejemplo: 50 o 100 ohms para $R_4 = R_3$. El paralelo de $R_3//R_4$ se puede calcular para la transferencia de potencia máxima de la resistencia de la fuente de entrada (R_S).

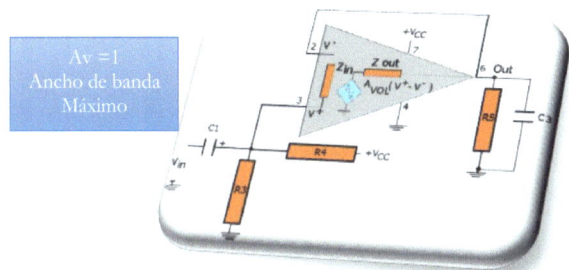

Figura 36. Amplificador de ganancia unitaria (Buffer).

Tenga en cuenta que hay un cable que corta la salida a la entrada V^- del OP-AMP

$$(V^+ - V^-)A_{VOL} = v_{Out}$$

$V^- = v_{Out} \text{ ,and } V^+ = v_{in}$

Entonces:

$$v_{in} = V^+ = V^- = v_{Out} \qquad (49)$$

La frecuencia límite superior en este caso es el valor GBP.

La tabla 3 muestra un resumen inteligente de esta configuración.

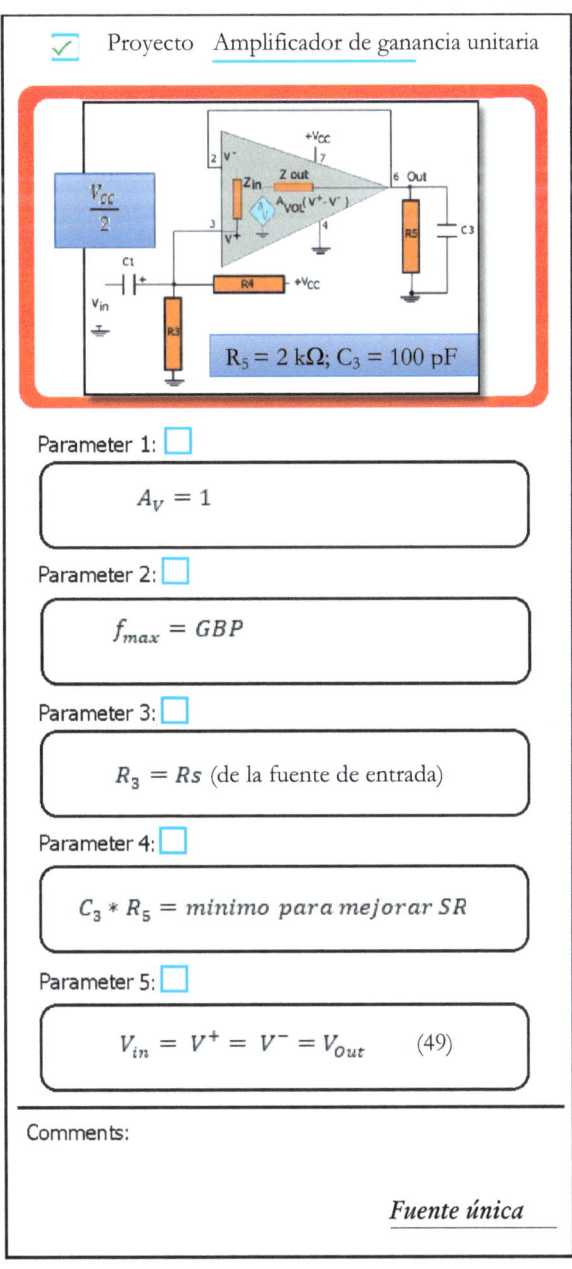

Parameter 1: ☐

$$A_V = 1$$

Parameter 2: ☐

$$f_{max} = GBP$$

Parameter 3: ☐

$$R_3 = Rs \text{ (de la fuente de entrada)}$$

Parameter 4: ☐

$$C_3 * R_5 = minimo\ para\ mejorar\ SR$$

Parameter 5: ☐

$$V_{in} = V^+ = V^- = V_{Out} \qquad (49)$$

Comments:

Fuente única

Tabla 3. Resumen inteligente de amplificador de ganancia Unity.

3.5 Amplificador Suma Inversor

El amplificador de suma es uno de los circuitos más útiles, puede sumar dos o más señales. La suma puede estar en régimen DC o AC. Estudiemos el caso para dos (2) señales en régimen AC. El proceso puede repetirse para n señales de entrada en DC o AC.

La figura 37 muestra el amplificador de suma.

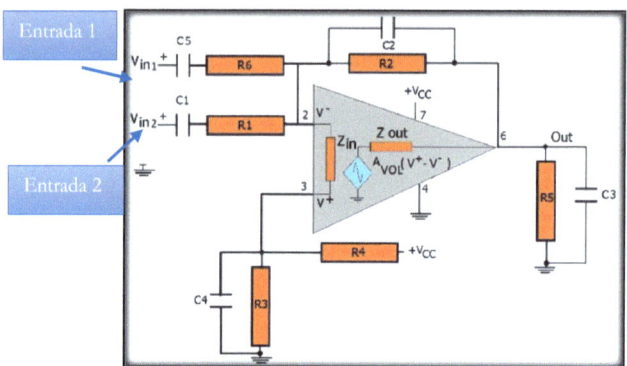

Figura 37. Amplificador inversor de suma.

Observe que los condensadores C_1, C_5 están desacoplando las señales de DC. La salida (DC) del amplificador será igual al voltaje aplicado en el pin V^+. La señal de AC solo cambiará el nivel de DC hacia arriba o hacia abajo de acuerdo con el cambio de entrada.

En **DC**:

Utilizando el mismo procedimiento realizado en la sección 3.2:

$$V_{Out} = \frac{R_3}{(R_3 + R_4)} V_{CC}$$

En **AC**:

Aplicando el método de superposición y utilizando nuevamente el procedimiento de cálculo establecido en la sección 3.2:

Para el v_{in1}:

$$v_{Out} = -\frac{R_2}{R_1} v_{in1} \; ; \; v_{in2} = 0 \qquad (50)$$

Para el v_{in2}:

$$v_{Out} = -\frac{R_2}{R_6} v_{in2} \; ; \; v_{in1} = 0 \qquad (51)$$

Entonces:

$$v_{Out} = -\left(\frac{R_2}{R_1} v_{in1} + \frac{R_2}{R_6} v_{in2}\right) \qquad (52)$$

Ahora agregando todos los componentes de AC y DC juntos:

$$v_{Out} = -\left(\frac{R_2}{R_1} v_{in1} + \frac{R_2}{R_6} v_{in2}\right) + \frac{R_3}{(R_3+R_4)} V_{CC} \quad (53)$$

Si $R_3 = R_4$ entonces:

$$v_{Out} = -\left(\frac{R_2}{R_1} v_{in1} + \frac{R_2}{R_6} v_{in2}\right) + \frac{V_{CC}}{2} \qquad (54)$$

Adicionalmente, si: $R_1 = R_6$:

$$v_{Out} = -A_V\left(v_{in1} + v_{in2}\right) + \frac{V_{CC}}{2} \qquad (55)$$

Donde: $A_V = -\frac{R_2}{R_1}$

Tenga en cuenta que el signo negativo significa que la señal de salida de AC está invertida (cambio de fase de 180°) con respecto a la entrada.

Además, es notable que un filtro de paso de banda se hace con C_2, C_1 y C_5.

La frecuencia del filtro de paso bajo es:

$$f_{cL} = \frac{1}{2 * \pi * R_2 * C_2}$$

El filtro de paso alto es:

$$f_{cH} = \frac{1}{2 * \pi * R_1 * C_1}$$

$$C_1 = C_5$$

Importante: la suma de las señales se realizará solo en amplitud. La amplitud de salida será multiplicada por el factor Av. Pero para lograr esto, ambas señales deben tener la misma respuesta en el filtro de paso de banda. Eso significa que ambas señales se ven afectadas por la función de transferencia del filtro. Entonces, si una de las señales se atenúa de manera diferente a la otra (frecuencias diferentes) incluso cuando ambas tienen la misma amplitud en la entrada, el resultado será dos señales con amplitudes diferentes cada una.

Por lo tanto, la ecuación correcta es (56):

$$v_{Out} = -A_V\left(|H(w)|\ v_{in1} + |H(w)|\ v_{in2}\right) + \frac{V_{CC}}{2} \quad (56)$$

Donde: $|H(w)|$ es el módulo de función de transferencia normalizada del filtro de paso de banda en función de la frecuencia.

El módulo $|H(w)|$ se expresa en la sección 3.2, también un filtro de paso de banda.

El ancho de banda es:

$$BW = f_{cL} - f_{cH}$$

Cuando se suman dos señales, ambas deben estar en la misma región de paso del filtro, donde la ganancia es constante y el desplazamiento de fase es cercano a 0°. De lo contrario, es necesario considerar no solo el cambio en las amplitudes sino también en la fase de la respuesta de salida del amplificador.

El problema en cuestión surge del hecho de que las señales f_1 y f_2 pueden tener diferentes frecuencias. No hay problema en el caso de la misma frecuencia.

A continuación, se muestra la tabla 4 con el resumen inteligente para este caso.

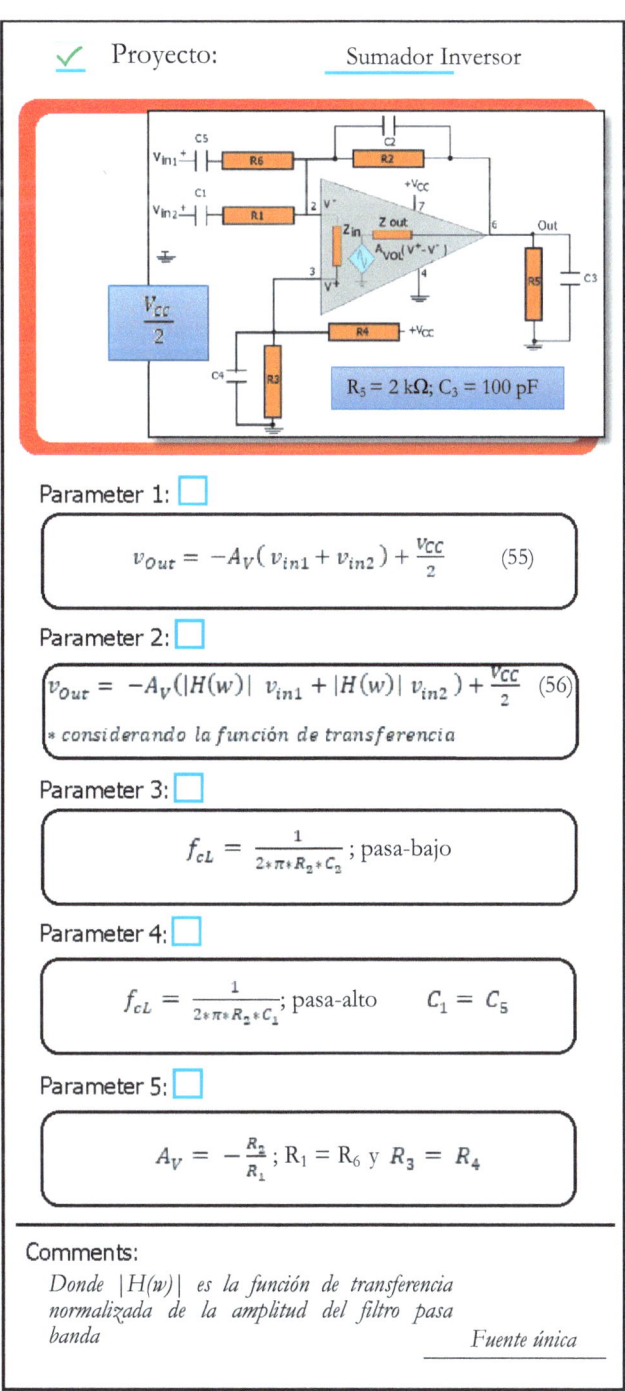

✓ Proyecto: Sumador Inversor

$R_5 = 2\ k\Omega;\ C_3 = 100\ pF$

Parameter 1: ☐

$$v_{Out} = -A_V(v_{in1} + v_{in2}) + \frac{Vcc}{2} \quad (55)$$

Parameter 2: ☐

$$v_{Out} = -A_V(|H(w)|\ v_{in1} + |H(w)|\ v_{in2}) + \frac{Vcc}{2} \quad (56)$$

* considerando la función de transferencia

Parameter 3: ☐

$$f_{cL} = \frac{1}{2*\pi*R_2*C_2}\ ;\ \text{pasa-bajo}$$

Parameter 4: ☐

$$f_{cL} = \frac{1}{2*\pi*R_2*C_1};\ \text{pasa-alto} \quad C_1 = C_5$$

Parameter 5: ☐

$$A_V = -\frac{R_2}{R_1}\ ;\ R_1 = R_6 \text{ y } R_3 = R_4$$

Comments:

Donde $|H(w)|$ es la función de transferencia normalizada de la amplitud del filtro pasa banda

Fuente única

Tabla 4. Resumen inteligente de la suma de inversor.

3.6 Amplificador Diferencial

La figura 38 muestra el circuito del amplificador diferencial. Este circuito está adaptado para trabajar con una sola alimentación. Pero también funciona con fuente de alimentación dual con cambios menores. De hecho, la mayoría de las veces es más fácil trabajar con una fuente de alimentación dual, ya que no necesita ningún nivel de DC de referencia.

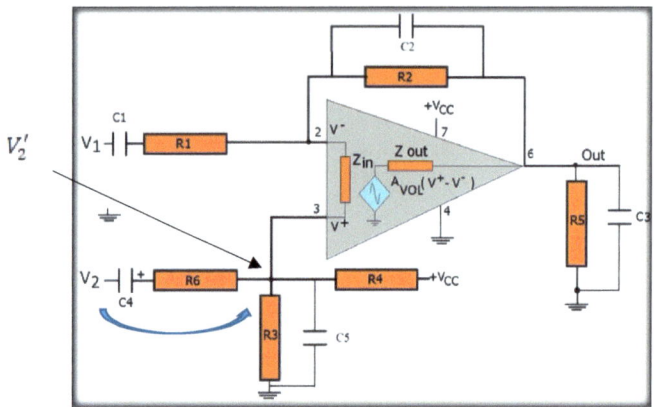

Figura 38. Amplificador diferencial.

En el circuito de la figura 38:

$$(V^+ - V^-)A_{VOL} = v_{Out} \qquad (57)$$

$$\frac{(V_1 - V^-)}{R_1} = \frac{(V^- - v_{Out})}{R_2} \qquad (58)$$

$$V^+ = v_2' \qquad (59)$$

De la ecuación (58:)

$$V^- = \frac{R_1 v_{Out} + R_2 v_1}{(R_2 + R_1)}$$

Sustituyendo en (57):

$$\left(v_2' - \frac{R_1 v_{Out} + R_2 v_1}{(R_2 + R_1)} \right) A_{VOL} = v_{Out}$$

Suponiendo: $\frac{v_{Out}}{A_{VOL}} \to 0$ entonces:

$$v_{Out} = \frac{(R_2 + R_1)v_2' - R_2 v_1}{R_1} \tag{60}$$

Ahora si: $R_1 = R_2$ y $R_6 = R_3//R_4$:

$$v_2' = \frac{R_3//R_4}{R_6 + R_3//R_4} v_2 = \frac{1}{2} v_2$$

Reemplazo en (60):

$$v_{Out} = (v_2 - v_1) \quad (\text{AC}) \tag{61}$$

Recuerde que un nivel de DC se impone en el puerto V^+, de modo que, igual que en casos anteriores, la salida se está fijando en el mismo nivel de DC. Si $R_3 = R_4$, la salida completa es:

$$v_{Out} = (v_2 - v_1) + \frac{V_{cc}}{2} \quad (\text{AC +DC}) \tag{61a}$$

El diferenciador funciona en modo AC.

Tenga en cuenta que en el modo AC, la impedancia en v_2' es el paralelo de R_3 y R_4. Por lo tanto, la impedancia vista por la fuente v_2 es:

$$Z_{inV2} = R_6 + R_3//R_4 = 2R_6 \tag{62}$$

Además, se supone por ahora que $X_{C5} \to \infty$ en las frecuencias de la región de trabajo.

Debido al paralelo, si se requiere precisión, la resistencia debe estar en orden o con una tolerancia del 1%

Las frecuencias de corte del filtro de paso alto para V_1 y V_2 son respectivamente:

$$f_{C1} = \frac{1}{2\pi R_1 C_1}$$

y:

$$f_{C2} = \frac{1}{2\pi (\, 2R_6) C_4}$$

y:

$$f_{C1} = f_{C2}$$

Para la frecuencia de corte del filtro de paso bajo:

$$f_{C3} = \frac{1}{2\pi R_2 C_2}$$

El condensador C_5 es necesario para compensar la ganancia en frecuencia. Como se muestra en la ecuación (60), R_1 es un lado de la función de transferencia. En alta frecuencia, el término de v_1 tiende a atenuarse por la impedancia de realimentación de R_2 y C_2. Lo mismo debe hacerse con v_2 haciendo un filtro de paso bajo con $(R_3//R_4)$ y C_5, por lo que la entrada v_2 debe atenuarse de la misma manera que v_1.

Entonces la frecuencia de corte de paso bajo es la misma que f_{C3}:

$$f_{C4} = \frac{1}{2\pi (R_3//R_4) C_5} = f_{C3}$$

Así que mientras se reduce la señal V_1, la señal V_2 también se reduce. Ofreciendo así una respuesta lógica de salida.

A continuación, se muestra la tabla 5 con el resumen inteligente para este caso.

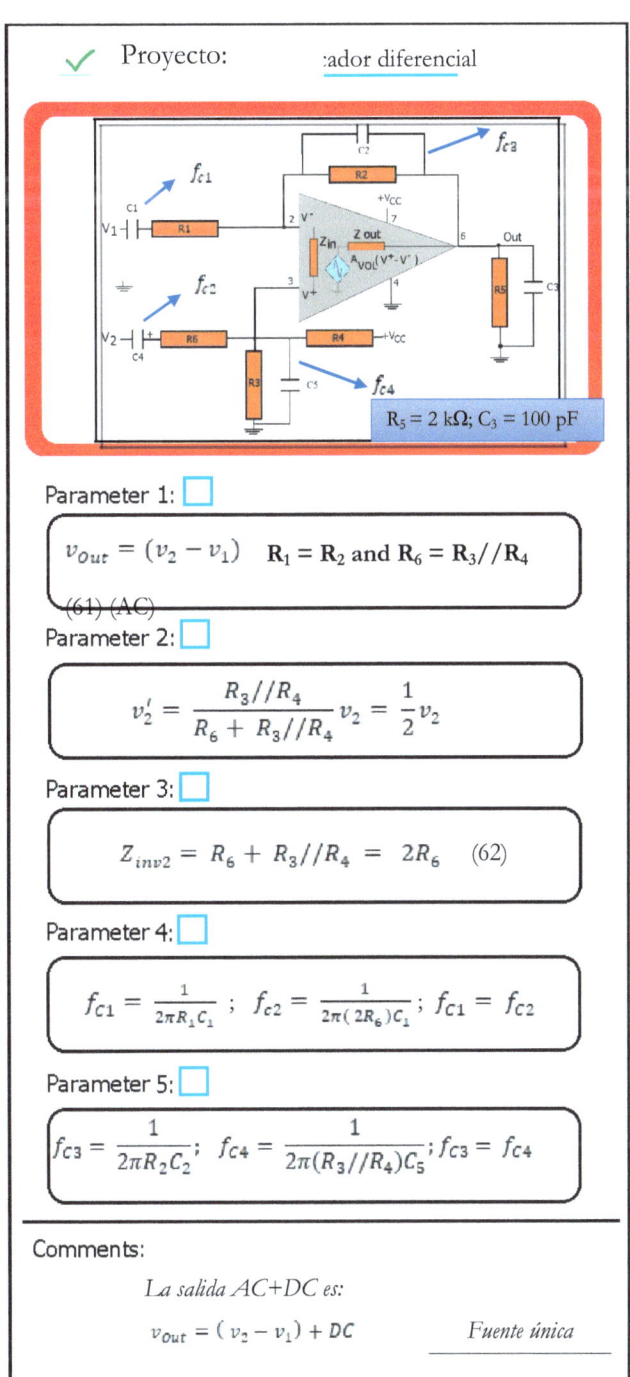

Parameter 1: ☐

$$v_{Out} = (v_2 - v_1) \quad \mathbf{R_1 = R_2 \text{ and } R_6 = R_3 // R_4}$$

(61) (AC)

Parameter 2: ☐

$$v_2' = \frac{R_3 // R_4}{R_6 + R_3 // R_4} v_2 = \frac{1}{2} v_2$$

Parameter 3: ☐

$$Z_{inv2} = R_6 + R_3 // R_4 = 2R_6 \quad (62)$$

Parameter 4: ☐

$$f_{C1} = \frac{1}{2\pi R_1 C_1} \; ; \; f_{c2} = \frac{1}{2\pi (2R_6) C_1}; \; f_{c1} = f_{c2}$$

Parameter 5: ☐

$$f_{C3} = \frac{1}{2\pi R_2 C_2}; \; f_{C4} = \frac{1}{2\pi (R_3 // R_4) C_5}; f_{c3} = f_{c4}$$

Comments:

La salida AC+DC es:

$$v_{Out} = (v_2 - v_1) + DC \qquad \textit{Fuente única}$$

Tabla 5. Resumen inteligente de la suma del inversor.

3.7 Amplificador integrador inversor

La figura 39 muestra la configuración básica del integrador en una única configuración de fuente de alimentación. Nuevamente, debido a que se utiliza una sola fuente, se requiere un nivel de DC para controlar la salida de AC.

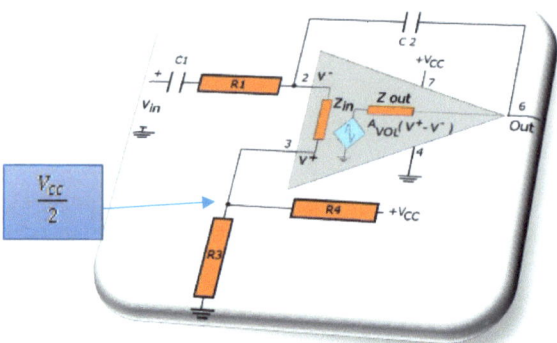

Figura 39. Amplificador integrador.

En el circuito de la figura 39:

Asumiendo: $V^+ = \frac{V_{CC}}{2}$; $R_3 = R_4$

$$V^- = V^+ = \frac{V_{CC}}{2} = v_{Out} \text{ con } v_{in} = 0$$

$$V_{C2} = (V^- - v_{Out}) = \frac{1}{C2} \int_0^t i_{C2}\, dt$$

$$v_{Out} = V^- - \frac{1}{C2} \int_0^t i_{C2}\, dt$$

$$i_{c2} = i_{R_1} = \frac{v_{in}}{R_1}$$

Así sustituyendo:

$$v_{Out} = \frac{V_{CC}}{2} - \frac{1}{R_1 C_2} \int_0^t v_{in}\, dt + V'_{C2} \quad (63)$$

82

Observe que el integrador también es un inversor.

Donde $V'_{C2} = estado\ inicial\ de\ voltaje C_2$

Por ejemplo, si $v_{in}(t)$ es una señal cuadrada periódica:

$$V_m = +V_m \left. \begin{array}{c} \frac{T}{2} \\ \\ 0 \end{array} \right. \qquad V_m = -V_m \left. \begin{array}{c} T \\ \\ \frac{T}{2} \end{array} \right. \qquad \text{y el Ciclo de Trabajo= 50\%}$$

y $|V_m| = \frac{V_{CC}}{2}$; amplitud de la señal cuadrada.

En el primer semiciclo positivo, integrado a lo largo: $\frac{T}{2} > T > 0$:

$$v_{Out} = \frac{V_{CC}}{2} - \frac{1}{R_1 C_2} v_{in} t + V'_{C2} \qquad\qquad \left. \begin{array}{c} \frac{T}{2} \\ \\ 0 \end{array} \right.$$

$$v_{Out} = \frac{V_{CC}}{2} - \frac{1}{R_1 C_2} v_m \frac{T}{2} + V'_{C2} \qquad (64)$$

Asumiendo $V'_{C2} = 0$, y $\frac{1}{R_1 C_2} \frac{T}{2} = 2$

$$v_{Out} = -\frac{V_{CC}}{2}$$

Pero, como no hay ningún suministro negativo, la salida se recortará a 0 V.

Así $v_{Out} = 0\ V$ (ver figura 40)

Si R_1 es un valor constante (fijando un valor para calcular otro):

$$C_2 = \frac{T}{4R_1} = \frac{1}{4R_1 f} \qquad (65)$$

Alternativamente, si C_2 es el valor constante:

$$R_1 = \frac{T}{4C_2} = \frac{1}{4C_2 f} \qquad (66)$$

Para el siguiente semiciclo, semiciclo negativo.

Integrando a lo largo: $T > T > \frac{T}{2}$:

$$v_{Out} = \frac{V_{CC}}{2} + \frac{1}{R_1 C_2} v_{in} t + V'_{C2} \qquad\qquad \left.\begin{array}{c} T \\[4pt] \frac{T}{2} \end{array}\right|$$

$$v_{Out} = \frac{V_{CC}}{2} + \frac{1}{R_1 C_2} V_m \frac{T}{2} + V'_{C2} \qquad (67)$$

En esta etapa:$V'_{C2} = -\frac{V_{CC}}{2}$, porque en estado inicial de este ciclo cuando t=0,

$v_{Out} = 0V$

Tenga en cuenta que el condensador C_2 se cargó de 0V a $-\frac{V_{CC}}{2}$ en el semiciclo

anterior, por lo que la salida $v_{Out} = 0V$.

Continuar resolviendo la ecuación (67) y manteniendo las mismas condiciones
para R_1 y C_2.

Ahora evaluando cuando t = T/2, $V_{out} = V_{CC}$

En el siguiente semiciclo (positivo de nuevo):

Se toma la ecuación (64):

$$v_{Out} = \frac{V_{CC}}{2} - \frac{1}{R_1 C_2} V_m \frac{T}{2} + V'_{C2}$$

Donde $V'_{C2} = \frac{V_{CC}}{2}$

El condensador se carga en $\frac{V_{CC}}{2}$ en el estado inicial y se descarga a $-\frac{V_{CC}}{2}$ .Por lo

tanto, el condensador se cargará y descargará durante los ciclos $\frac{V_{CC}}{2}$ y la salida

irá a V_{CC} y a 0 V respectivamente.

$v_{Out} = 0 V$

Para el próximo semiciclo, el condensador C_2 se cargará nuevamente a $\frac{V_{CC}}{2}$ y

así sucesivamente a través de los ciclos siguientes. Por lo tanto, la salida estará

recorriendo entre V_{CC} y 0 V. Tenga en cuenta que la oscilación de la señal es

con respecto al voltaje de referencia de DC.

Para garantizar el swing completo en la salida, V_m de la señal de entrada debe

ser:

$$V_m \leq \frac{V_{CC}}{2} \tag{68}$$

La figura 40 es un gráfico de señales en el circuito integrador. Tenga en cuenta

que la salida se desplaza por el nivel de DC.

El primer semiciclo está representado en el gráfico de la figura 40. El voltaje

inicial de C_2 se asume en 0 V.

También se pueden integrar otras señales. Triangular, sinusoidal, etc. Pero para

estas señales es necesario ajustar las constantes (R_1, C_2) para evitar la saturación

(clipping) o una amplitud muy baja.

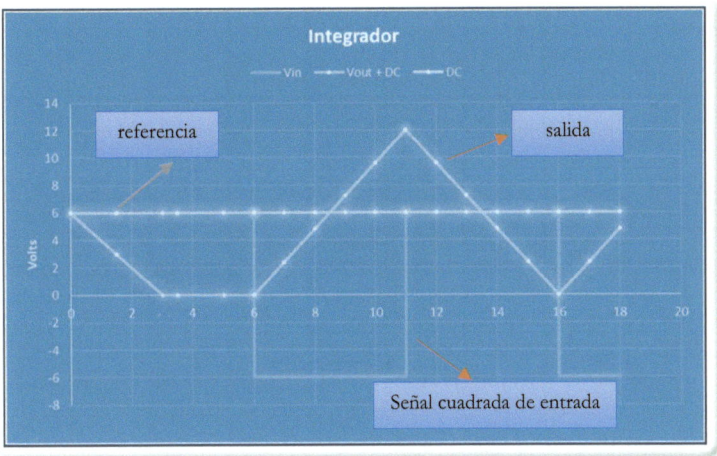

Figura 40. Gráfica de señales en el integrador.

En R_1 y/o C_2 deben ajustarse o calcularse cada vez que se cambia la frecuencia.

De lo contrario, la amplitud de salida variará a lo largo de los cambios de frecuencia, incluso si la integración se realiza para cada señal de entrada. Esto actúa como una función de transferencia de filtro de paso bajo.

Recuerde que la salida siempre contendrá un nivel de DC, independientemente de que haya o no una entrada.

A continuación, se muestra la tabla 6 con el resumen inteligente para este caso.

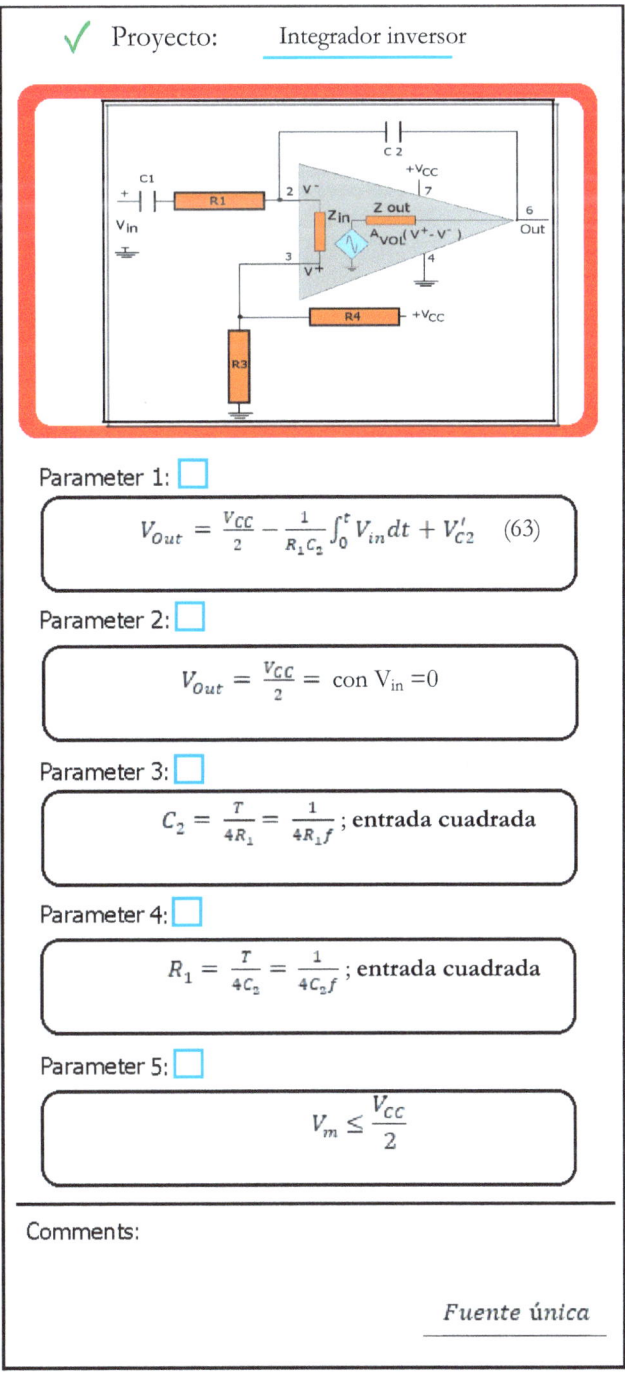

✓ Proyecto: Integrador inversor

Parameter 1: ☐

$$V_{Out} = \frac{V_{CC}}{2} - \frac{1}{R_1 C_2} \int_0^t V_{in}\, dt + V'_{C2} \quad (63)$$

Parameter 2: ☐

$$V_{Out} = \frac{V_{CC}}{2} = \text{ con } V_{in} = 0$$

Parameter 3: ☐

$$C_2 = \frac{T}{4R_1} = \frac{1}{4R_1 f} \text{ ; entrada cuadrada}$$

Parameter 4: ☐

$$R_1 = \frac{T}{4C_2} = \frac{1}{4C_2 f} \text{ ; entrada cuadrada}$$

Parameter 5: ☐

$$V_m \leq \frac{V_{CC}}{2}$$

Comments:

Fuente única

Tabla 6 Resumen inteligente de integrador inversor.

87

3.8 Amplificador de carga (detector de fotones)

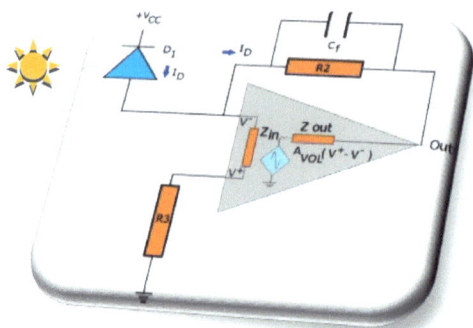

Figura 41. Amplificador de carga.

La figura 41 muestra un circuito amplificador de carga. El diodo D_1 puede ser un fotodiodo PIN como el BPW34. El diodo está trabajando aquí en la zona inversa, es decir, en modo de transconductancia. En esta configuración, el diodo D_1 se utiliza para detectar cualquier pulso de luz proveniente del exterior o de una cámara si está encerrado.

En la operación oscura, no hay luz en la cara sensible del fotodiodo, la corriente en el diodo será solo debido a su impedancia y, en reversa, esta impedancia es muy alta. Esta corriente se conoce como la corriente oscura, y está alrededor de algunos nanoamperios.

Cuando un pulso de luz golpea la cara sensible del fotodiodo, se produce una fotocorriente. La cantidad de corriente de carga producida es proporcional a la intensidad de la luz entrante. Pero también, hay un proceso interno de foto conversión que fija la eficiencia entre la energía de la longitud de onda entrante y el número efectivo de cargas eléctricas producidas en el semiconductor. Por lo tanto, para una intensidad fija, la corriente efectiva es una función de la longitud de onda de la luz incidente.

De esta manera, la corriente de salida del diodo dependerá de la intensidad y la longitud de onda asociadas a la luz entrante.

Para este ejemplo, supongamos que queremos detectar un pulso de luz que se encuentra en la región de eficiencia del 100% de la curva característica del fotodiodo.

Con la eficiencia y el número de fotones entrantes, la corriente de carga de salida total se puede calcular fácilmente.

Entonces, supongamos ahora que el diodo tiene polarización inversa y la corriente oscura es I_d.

La tensión de alimentación aquí es dual. Pero, también se puede configurar para trabajar con una sola fuente.

Si no entra luz, y la temperatura es constante:

$$V_{out} = -I_d R_1 \qquad\qquad (68)$$

En este momento, el valor de V_{out} representa el voltaje de compensación debido a la corriente oscura. Observe que es negativo, ya que es un amplificador inversor.

Por lo tanto, para mantener este voltaje muy bajo, R_2 debe estar en el orden de unos pocos mega ohms como máximo, y la corriente oscura en el rango de nanoamperios.

Tenga en cuenta que, si el fotodiodo no está blindado a luz o ciego en absoluto, y se detecta algo de luz, este nivel puede elevarse para igualar el voltaje de saturación negativo. Para evitar esto, el diodo se debe mantener bloqueado de cualquier luz ambiental.

Ahora supongamos que un pulso de luz incide en el fotodiodo, y la forma de este pulso será:

$$i_{in} = Q \left.\right|_0^t$$

Donde Q es la carga recogida en el fotodiodo en el tiempo t.

La salida será:

$$v_{out} = -\frac{1}{C_f}\int_0^t Q + Vcf' \qquad (68)$$

Donde el voltaje inicial del capacitor: Vcf'.

Como resultado, también se obtiene un pulso negativo en la salida, pero la corriente de carga ahora se está convirtiendo en un pulso de voltaje con dependencia de la amplitud de la relación:

$$\frac{Q}{C_f}$$

Se supone que el tiempo de impulso es más corto que la constante R_2C_F. Después de que se forma el pulso, el condensador se descarga inmediatamente a través de R_2.

La descarga del condensador tendrá la forma:

$$v_{out} = -v_{out}\, e^{-t/\tau} + Vcf'(1 - e^{-t/\tau})$$

Donde $\tau = R_2C_f$

Por lo tanto, después de un tiempo, el pulso se extinguirá y la tensión de compensación permanecerá como producto de la corriente oscura de DC.

Tenga en cuenta que aquí se están considerando los pulsos en muy corto tiempo.

Si la luz es una función continua, la salida será de acuerdo con la ecuación (68) y se puede alcanzar un estado de saturación negativo.

figura 42 muestra una solución gráfica de este circuito (respuesta de pulso).

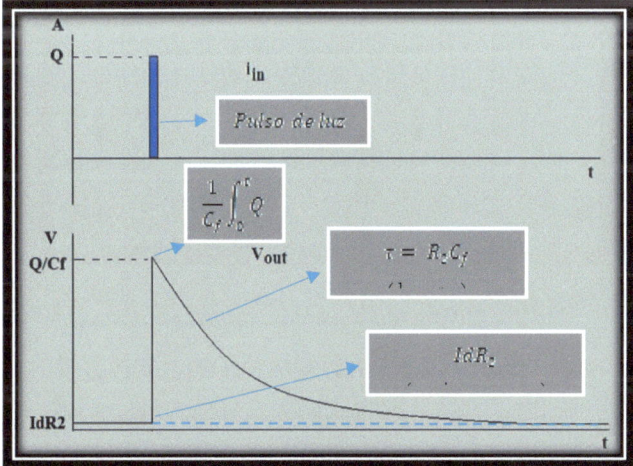

Figura 42. Respuesta de impulso del amplificador de carga. Nota: la salida se invierte 180° para una mejor vista, pero la salida real es siempre negativa

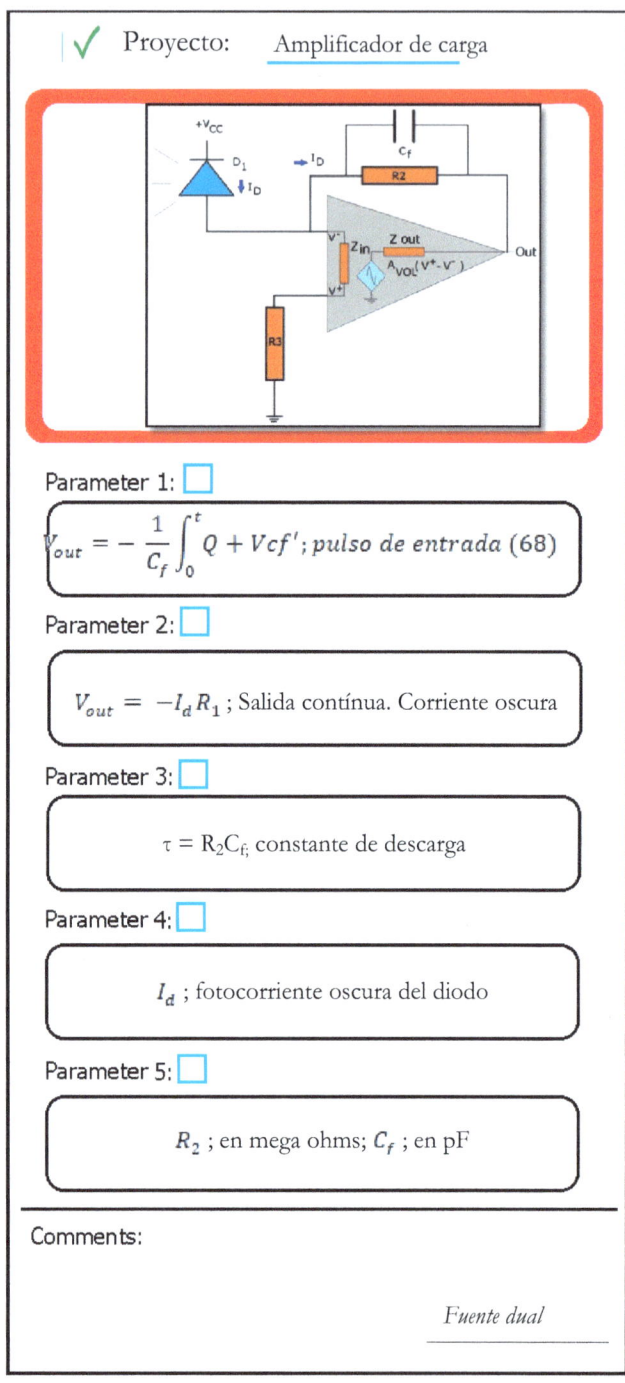

Proyecto: Amplificador de carga

Parameter 1: ☐

$$V_{out} = -\frac{1}{C_f}\int_0^t Q + Vcf' ; pulso\ de\ entrada\ (68)$$

Parameter 2: ☐

$V_{out} = -I_d R_1$; Salida contínua. Corriente oscura

Parameter 3: ☐

$\tau = R_2 C_f$; constante de descarga

Parameter 4: ☐

I_d ; fotocorriente oscura del diodo

Parameter 5: ☐

R_2 ; en mega ohms; C_f ; en pF

Comments:

Fuente dual

Tabla 7. Resumen inteligente de amplificador de carga.

3.10 Comparador de disparo de Smith

La figura 43 muestra el comparador de activador de Smith, implementado con doble suministro de fuente. Pero, de nuevo, se puede configurar para que funcione con una sola fuente. Este es un circuito conveniente para aplicaciones de comparación debido a su estabilidad. La referencia por encima y por debajo de cero garantiza que los cambios se hagan lo suficientemente altos como para evitar el ruido, evitando oscilaciones no deseadas en la salida

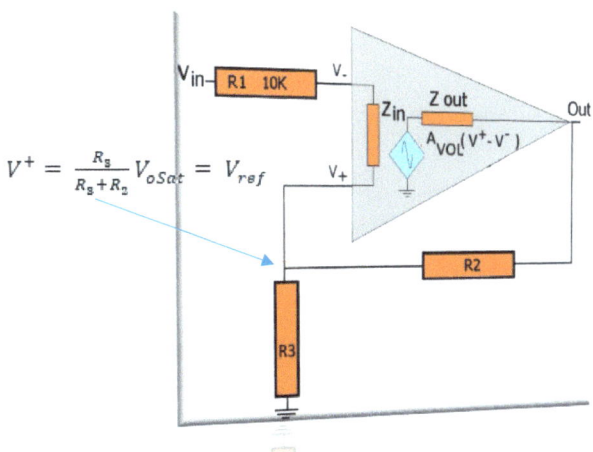

Figura 43. Comparador de disparo Smith.

Supongamos de nuevo que: $V_{out} = +V_{oSat}$, y R_3, R_4 hacer un divisor de resistencia.

$$V^+ = \frac{R_3}{R_3 + R_2} V_{oSat} = V_{ref} \tag{69}$$

Entonces en este momento: $V_{in} > V^+$, la salida cambia inmediatamente a: $-V_{oSat}$, así:

$$V_{out} = -V_{oSat}$$

Entonces la referencia cambiará también inmediatamente a valor negativo:

93

$$V^+ = -\frac{R_3}{R_3 + R_2} V_{oSat}$$

Asumiendo: $V_{oSat+} \sim V_{oSat-}$

Debido a que la referencia ha cambiado a un valor negativo, la salida del comparador permanecerá en el voltaje de saturación negativo hasta que la entrada en el puerto V⁻ pase por debajo de la referencia negativa. En el momento en que sucede, la salida cambiará a un voltaje de saturación positivo, y la referencia cambiará a un valor positivo, por lo que la salida permanecerá en positivo hasta que la entrada en el puerto V⁻ vuelva a estar por encima de la referencia positiva, y así sucesivamente.

Los cambios en la salida ocurrirán cuando la entrada cruce la tensión de referencia establecida en el puerto V⁺.

A continuación, se muestra el gráfico que muestra este comportamiento.

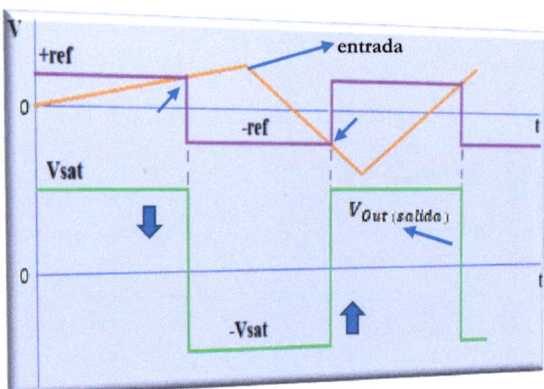

Figura 44. Señales de disparo de Smith.

El voltaje de saturación ocurrirá en algún punto cerca del voltaje de suministro, la mayoría de las veces es de 1 a 1,5 V menos.

Entonces, por ejemplo, si V_{CC} = ±15 V, el voltaje de saturación será de alrededor de ±13.5 - 14 V. Se hace una excepción en el caso de OP-AMP de *rail-to-rail* que alcanza casi el voltaje de suministro.

$$|V_{oSat}| \sim (V_{CC} - 1.5\ V)$$

Este comparador tiene histéresis controlada. El umbral de voltaje de histéresis se puede controlar cambiando la forma del divisor de resistencia por R_2 y R_3 respectivamente. Los umbrales positivos y negativos de las tensiones corresponden a:

$$V_{h+} = V_{ref}$$

y

$$V_{h-} = -V_{ref}$$

La tensión de histéresis total es: $2V_{ref} = V_h$

Con respecto a los parámetros, lo primero que hay que decir aquí es que el OP-AMP está funcionando en un circuito de retroalimentación positiva. La retroalimentación positiva actúa como un regenerador y tiende a aumentar la salida a saturación o favorecer las oscilaciones. Los parámetros más importantes aquí son: SR, y A_{VOL}.

El parámetro SR aquí es importante porque la salida es una forma cuadrada, por lo que los bordes o flancos de la señal de salida deben ser muy rápidos. Entonces SR debe ser lo más alto posible.

El parámetro A_{VOL} disminuirá muy rápido con la dependencia de la frecuencia. Para que el comparador tenga la salida de saturación máxima con la entrada diferencial mínima, el A_{VOL} debe ser lo más alto posible.

Como ejemplo, el LM311 puede ser una buena opción para un comparador de voltaje, su A_{VOL} = 200.000.

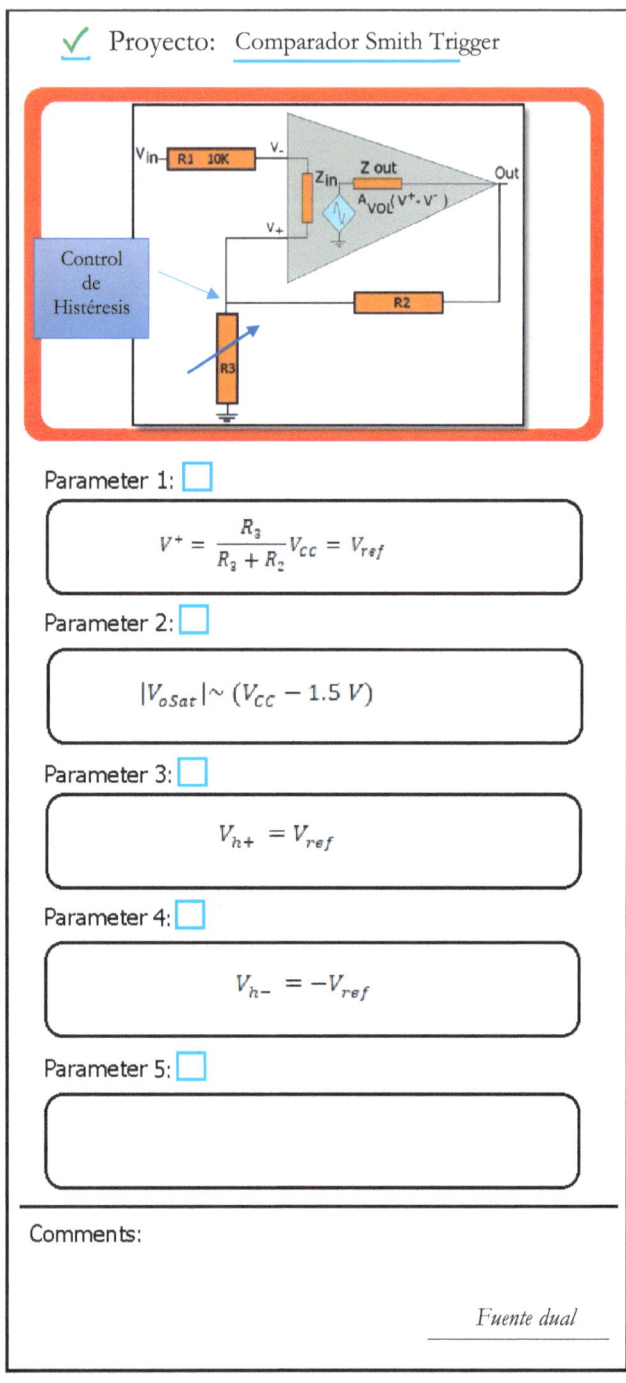

Parameter 1: ☐

$$V^+ = \frac{R_3}{R_3 + R_2} V_{CC} = V_{ref}$$

Parameter 2: ☐

$$|V_{oSat}| \sim (V_{CC} - 1.5\ V)$$

Parameter 3: ☐

$$V_{h+} = V_{ref}$$

Parameter 4: ☐

$$V_{h-} = -V_{ref}$$

Parameter 5: ☐

Comments:

Fuente dual

Tabla 8. Resumen inteligente del comparador de disparos de Smith.

4.0 Tabla de aplicación OP-AMP

Figura 45. OP-AMP: asignación de 8 pines, número de paquete J08A.

Modelo	Supply operation	Supply Voltage (V)	Zin (Ω)	Input bias (pA)	Input capacity (pF)	Noise e_N 1 kHz (nV)	Max. Load (kΩ)	GBP (MHZ)	Aplicaciones recomendadas
LF351 TL081	Dual o única	±18 max. ± 5 min. 36 max. 10 min	10^{12}	50	-	25	2 1	4	Audio amp Charge amp Optical det Integradores Comparadores Instruementación
OPA27 OPA37	Dual o única	±22 max. ± 4 min 44 max. 8 min.	$2\ 10^9$	15.000	-	4.5 (bajo)	1 1 2 1	8 OPA27 63 OPA37	Professional Audio amp Transducer amp Optical det Integradores Comparadores Precision Instrumentación
CA3140	Dual o única	±18 max. ± 2 min 36 max. 4 min.	$1.5\ 10^{12}$	10	4	40	1 1 2 1	4.5	Audio amp Charge amp Optical det Integradores Comparadores Instrumentación de bajo consumo
LM111 LM211 LM311	Dual o única	±18 max. ± 5 min 36 max. 5 min.	$1\ 10^4$ min	60.000 60.000 100.000	-	-	0.5 0.1 1 0.1	0.1	Comparadores Alta velocidad *(open collector Output) High power Driver Load (50 mA) TTL Compatible

Tabla 9. Tabla de Aplicaciones OP-AMP.

Modelo	Supply operation	Supply Voltage (V)	Zin (Ω)	Input bias (pA)	Input capacity (pF)	Noise e_N 1 kHz (nV)	Max. Load (kΩ)	GBP (MHZ)	Aplicaciones recomendadas
LF318	Dual o única	±20 max. ± 5 min. 36 max. 10 min	$3\,10^6$	150.000	-	12	2 1	15 Fast SR = 50 v/µs	wide band amp A/D converter Oscillators Integradores Sample and hold Instrumentación
LF356	Dual o única	±18 max. ± 5 min 36 max. 10 min	$1\,10^{12}$	30	3	12	2 1	5 LF357 20	wide band amp A/D converter Optical det high speed Integrators Sample and hold Instrumentación
OPA341	única (optimizado) rail-to-rail	6 Max 2.5 min	$1\,10^{13}$	0.6	3	25	0.6	5.5 SR 6V/µs	Sensor biasing A/D converter Optical det Instrumentación Very low power
LT1006	única (optimizado)	20 max 2.7 min	$0.25\,10^{12}$	10.000		22	0.6	1 SR 1V/µs	Amplifier A/D converter Optical det Instrumentación de muy bajo consumo

Tabla 10. Tabla de aplicaciones OP-AMP A. Continuado.

Nota: se ha conservado parte de la terminología en inglés, para poder comparar con la hoja de datos *Datasheet* del fabricante.

Esta página se ha dejado intencionalmente en blanco

www.ingramcontent.com/pod-product-compliance
Lightning Source LLC
Chambersburg PA
CBHW040905180526
45159CB00010BA/2929